Mayon，謝謝你的鼓勵

作者簡介

點止學嘢，一齊學嘢。

關於 Andy 叔

點止學嘢創辦人、IT 人、教育工作者。

Andy 叔喜歡學習，同時熱愛教育。擅長以簡單易明的方法教授看似複雜的 IT 技術。他編製的課程由淺入深，很多時更一反傳統，以一個嶄新的學習模式，在極短時間把知識傳授。

關於點止學嘢

點止學嘢為香港創業者提供數碼營銷課程，幫助中小企老闆同步向前。

導師均是業內熟手之人，同時又極富教學熱誠，敢將最新最貼地最實幹的行業知識傾囊傳授。

點止學嘢的王牌課程有「SEO 課程 – 搜尋器排名優化課程」、「7 步成 WEB」、「7 步成 APP」、「7 步成 SHOP」、「出 POST 攻略」、「IT 老闆育成班」等等。

網站：learnmore.com.hk

序言

在打書釘的你，想知道如何在網上找到生意的秘密嗎？

你好，我是 Andy 叔，是點止學嘢的創辦人，為香港中小企業提供數碼營銷培訓。

我在幾年前把自己做搜尋器優化的經驗，編製了一套「SEO 課程 – 搜尋器排名優化課程」，每次除了講解 SEO 秘訣外，還會即場拆解不少香港知名網站使用中的 SEO 技巧。這些技巧是廣告公司不會告訴你的，但在我的課程上便可以全盤學到。

這個課程已幫助了很多中小企業在 Google 上成功取得排名，為他們帶來源源不絕的生意。

在你決定購買這本書之前，我想告訴你一點，就是進行 SEO 優化是需要投入時間的，一般而言，如果競爭不大的話，大約可以 3 個月見效；但如競爭激烈的話，半年才有效果也是正常。我教你的 SEO 方法，會是屬於正派的技巧，其中有一部份是經常被人忽略的，當然也有一部份是我創獨的排名秘技。

香港很多公司單單地以為做一網站就可以有生意，你其實只做對了一半。如果沒有人瀏覽，再好的設計也是白費。這本書正正要教你如何優化自己公司的網站，令客戶能透過 Google 搜尋器找到你，把生意自動送上門。書中附有 3 個月的 SEO 計劃書，只要按步就班進行，就會有好好的 SEO 成果！

最後，我要感謝點止學嘢的工作伙伴，特別是編輯天美，她把我的講課錄音及講稿編輯成這 100 篇實用的 SEO 排名術。同時感謝 高山製作 為本書設計封面。

請留意點止學嘢的最新課程，希望日後可以在課程上見到你！

網站：learnmore.com.hk

推薦序一

只要花 20 秒做一個實驗，
讀者們就會知道這本書的驚人價值。

開啟您的手機或電腦瀏覽器，輸入搜尋關鍵字「**生日會**」。在自然搜尋結果中(非廣告類別)，您會發現我的微企公司網站「生日皇」，竟可與「麥當勞」、「海洋公園」、「冒險樂園」等等巨企並駕於 GOOGLE 首頁。

原本我的網站排名根本不在搜尋結果之內
原本我只是電腦知識停留於小畫家功能，使用的是坊間最易操作的罐頭網站平台
原本我只是沒有預算投放廣告的一人公司，工作機會依賴最傳統的人傳人方式

一個偶然機會，參加了 ANDY SIR 的免費 SEO 急症室，這個就像屬於天神的金莎秘密無意落到凡間的機會，令我的公司由一間微企慢慢進化成一間小企。

花了三個月的時間，根據 ANDY SIR 提供的方法，網站榮登上 GOOGLE 頭三名，「生客」查詢量由每月一兩個變成每天一兩個，現在的我已經建立了四隊工作團隊，生意額更比以前多了四五倍。

如果您看完這個序言，恭喜你！接下來你將會是下一個得到天神秘密的幸運兒。

嘉駒哥哥
生日皇創辦人
Birthdayking.hk

推薦序二

我是 Ken Sir，我是 Dearsoulmates 網購店主，亦同時教導人網店創業嘅導師。

我喺 Andy sir SEO 課程教導底下，Andy sir 用顯淺易明嘅方法，令我明白到 Google Search 對我網購生意嘅重要性。

我係做網購生意之前，其實都係做 Digital marketing 廣告內容嘅部份，以為一直只要做到令顧客明白、掀起購買情緒嘅內容就足夠，但原來係網絡世界仲要知道演算法嘅重要性，佢比我知道內容除咗要達到促銷，更重要係另演算法 AI 幫你排到更高位置，先會令你網購店嘅銷量達到更高峰，銷量更持久。

知道 Google 演算法嘅潛規則之後，更可以喺搜尋世界不需要花費更多金錢「做廣告」，但亦達到促銷。Andy sir 亦都與時並進，將 Google 演算法最新嘅演變講出嚟，令我明白日後將來喺搜尋市場嘅策略。

我誠意推薦所有網購店主、中小企零售老闆閱讀 Andy sir 呢本書。

Ken Sir
網購五部曲導師
www.facebook.com/Youronlineshoptrainer

序

內容簡介

　　相信沒有人會否認搜尋器的威力。SEO 研究指出，當你的公司網頁排在頭 5 位時，你便能自動取得 70% 對你提供的貨品服務感興趣的人流，便如客戶每天自動找上門一樣，而不需花費錢賣廣告，這絕對是最有效率的網上宣傳方法。

　　搜尋器排名優化 (Search Engine Optimization) 是指透過優化網站的結構和內容，令到大型搜尋器，例如 Google 或 Yahoo 等，相信你的網站能提供優質內容，從而達到提升排名，不斷獲取客戶的效果。我們認為，SEO 這種嶄新的宣傳方法，比傳統的 PPC (Pay Per Click) 及社交媒體宣傳更具效率及持續性。

　　SEO 是一門新興的網上宣傳方法，可是，香港大眾普遍對 SEO 了解不多，更有人認為 SEO 是一些騙人的技倆。事實上，SEO 是一門集合資訊科技、市場學及統計學的技術，絕大部份的網頁的排名是可以用科學化的方式預測及改變。

　　這本書收錄了我認為是最有效的 100 個 SEO 排名術，加上不少 SEO 實驗結果及香港網站作實例研究，大家只要按著本書的方法做，必定能夠成功排名！

目錄

作者簡介   3

序言   4

推薦序一   5

推薦序二   6

內容簡介   7

1. Page Title - 一個小改變便能提升網站排名   12
2. 如何寫出一個好的 Header？   14
3. 你有善用 Image ALT 嗎？   15
4. 如何「chok」出評分星星？   17
5. 新 Domain 怎樣做 SEO 才最有效？   19
6. 購買 Domain 時要注意的事項   21
7. 如何找出讓你免費增加 Backlink 的網站？   23
8. 活用 Youtube 影片提升網站排名   25
9. 那裡可以找到寫作網頁內容的靈感？   27
10. 製作高排名的網頁 3 步曲   29
11. 千萬別少看 HTML Markup 對排名的影響   30
12. SEO 有甚麼好處？   32
13. SEO 是一種值得投資的宣傳方法   34
14. 用 SEO 長尾策略提高轉化率   36
15. Google Search Console - 十分有用的 SEO 工具   38
16. 教你 1 眼看穿某個關鍵字易不易做   40
17. 地區設定是做 SEO 重要一環   42
18. 怎麼設定中文 URL？   44
19. 網站分頁有技巧   45
20. 圖片的 SEO 優化技巧   46
21. 影片的 SEO 優化技巧   48
22. 怎樣利用 Latent Semantic Indexing 提升排名？   50
23. 會計妹是如何贏到排名的？   53

24. Inbound Marketing VS Outbound Marketing 55

25. SEO 只在自己公司網站進行嗎？ 57

26. 把貨品名稱改為客戶輸入的 Keywords 59

27. Google 最喜歡甚麼文章？ 61

28. 內容對於 SEO 的重要性 63

29. SEO 要做多久？ 65

30. 為何要定期更新網頁？ 67

31. 為何平台網站一定能取得較高的排名？ 69

32. SSL 的重要性 71

33. Mc Jack 是如何贏到排名？ 73

34. 下載網頁的速度絕對會影響 SEO 排名 74

35. Outbound links 原來有助提高排名 76

36. E-A-T 是甚麼？ 78

37. 什麼是搜尋意圖 (Search Intent)？ 80

38. 如何降低跳出率與提高頁面停留率？ 82

39. 如何避免過度 SEO 優化 84

40. 怎樣在 WIKIPEDIA 加入連結？ 86

41. 黑帽、灰帽、白帽 SEO 88

42. 重覆內容時會有懲罰嗎？ 90

43. 子網域 vs 子目錄：哪一個更有利於 SEO 排名？ 92

44. 百搭內容生成器 93

45. 如何利用 Google 我的商家排到第一頁？ 97

46. 使用 Google Analytics 的 5 個好處 99

47. 應付 Mobile-first indexing，我們要做甚麼？ 101

48. Bounce rate 是甚麼？如何影響 SEO？ 103

49. Google Algo Update 簡史 105

50. HelloToby 是如何做 SEO 的？ 107

51. SEO 三個月持久戰：Week 1 - 調查 Keyword 及對手 109

52. 三個月持久戰：Week 2 - 紀錄 SEO 進度 111

53. 三個月持久戰：Week 3 - 建立豐富 On Page 內容 113

54. 三個月持久戰：Week 4 - 讓客戶在地圖上看見你 115

目錄

55.	三個月持久戰：Week 5 - 開設社交媒體戶口	117
56.	三個月持久戰：Week 6 - 提交行業目錄或平台	119
57.	三個月持久戰：Week 7 - 準備建立發佈內容的戶口	120
58.	三個月持久戰：Week 8 - 收集好評	122
59.	三個月持久戰：Week 9 - 制定內容及內容推出時間表	124
60.	三個月持久戰：Week 10 11 12 - 推出內容及 Backlink	126
61.	網上品牌成為了「無超連結的 Backlinks」	128
62.	如何利用 Featured Snippets 取得更多人流？	129
63.	「倒金字塔」方式撰寫文章法	131
64.	開網店或是 Facebook 粉絲專頁？	133
65.	香港客人越來越心急	135
66.	如何製作一頁 SEO Friendly 的登陸頁	137
67.	On Page VS Off Page SEO 的分別	139
68.	網站上的舊文章該如何處理？	141
69.	利用 Google Trend 做好 SEO	143
70.	在那裡可以看到 Google 最新的 Algorithm Updates	145
71.	鮮為人知的搜尋器統計數據	147
72.	關於本土的搜尋器統計數據	148
73.	3 個 SEO 小 Tips	149
74.	關於社交媒體 SEO 的統計數據	150
75.	SEO 與網站速度	151
76.	從統計數字找出未來的 SEO 策略	152
77.	古惑 SEO - 透過提升 CTR 提升排名	153
78.	古惑 SEO - 這些字眼特別能提升 CTR	154
79.	古惑 SEO - 關鍵字抽水實例	155
80.	古惑 SEO - 先取易，後取難	156
81.	Hilltop SEO 技術：在網頁上連結到比你內容更豐富的網站	157
82.	如何在 Wikipedia 找到更多關鍵字？	158
83.	究竟一篇文章要幾長？	159
84.	用 Emojis 提升 CTR？	160
85.	自己讚自己有用嗎？	162

目
錄

86.	真心 Share 文章怎樣寫？	163
87.	2 個做 IG SEO 的技巧	164
88.	原來用這方法能提高影片的排名！	165
89.	以免費工具做宣傳	166
90.	銀杏到會如何做 SEO？	167
91.	為何很多人也做不好 SEO？	168
92.	我在那裡學會 SEO？	169
93.	積極參與問答網站	170
94.	製作 Infographic 令讀者更易明白內容	171
95.	我需要加入私隱政策嗎？	172
96.	優化用戶瀏覽的體驗	173
97.	Birthdayking.hk 的 SEO 策略	174
98.	客戶對你的評論如何提升 SEO？	175
99.	幾種不受歡迎的文章類型	176
100.	SEO 信任 4 大支柱	178

目
錄

1. Page Title - 一個小改變便能提升網站排名

在我多年的 SEO 工作中，留意到客戶最常忽略的事，肯定是 Page Title 標題。

因為大多數人看網頁，只會看網站的內容，而很少會看標題。可是，標題對於 SEO 來說，是一個十分重要的元素。

網頁標題有 2 個用途

1. 用來向 Google 強調目標關鍵字及取得排名 (Ranking)
2. 用來提升搜尋結果的點擊率 (Click Though Rate)

首先講講第一點，大家經常犯的錯誤是，沒有把目標關鍵字放在 Title 裡，又或者是放錯位置，例如把目標關鍵字放在 Title 的後面，卻把公司名放在 Title 前面。另外一個常犯的錯誤是，網站每頁的 Title 也一樣，例如：「Home」、「XXX 公司」等等。這完全浪費了取得排名的分數。

關於第二點，很多人也未必會留意，就是 Google 會利用搜尋結果的點擊率 (CTR) 來決定網站排名，雖然她不是完全依賴這個因素，但佔的計算權重也不少。

怎樣才可以提升 CTR？答案就是寫一個吸引讀者的標題！因為標題及 Meta Description（描述標籤）是最先被瀏覽者在 Google 搜尋結果上看到的，特別是標題的前半部份，因為在瀏覽者快速閱讀搜尋結果時，大多數只會一瞥標題頭個字眼，便決定是否 Click 入去看，所以一個吸引的標題，會大大提升 CTR，最後令到排名提高。就是說，一個好的 Page Title，會提升 CTR，最後會提升排名。

要做的事

1. 檢查自己的網站，每一頁的標題，特別是前半部份，是不是頁頁不同，同時是你希望做排名的目標關鍵字
2. 想想如果你是讀者，看到標題時有沒有 Click 進來的沖動？

例子

目標關鍵字：觀塘手機維修

<title> 觀塘手機維修中心 - 專修理 iPhone、Samsung - ABC 公司 </title>

【SEO課程】 香港Google SEO 搜尋器優化課程| 提升1000% 瀏覽量
https://learnmore.com.hk/seo-搜尋器排名優化課程/ ▼
★★★★★ 評分：5 - 8 則評論
SEO課程2018 年第5 季加強版，SEO課程現正招生！提升1000% 瀏覽量! 學員大力推薦，口課程已幫助不少香港中小企成功做SEO排名，唔駛再用錢賣廣告。SEO是 …

標題及 Meta Description 是最先被瀏覽者在 Google 搜尋結果上看到的

2. 如何寫出一個好的 Header ？

訂立 Header 時常犯的錯誤

　　這篇文章主要想跟大家分享一下大家普遍設定 Header 時常犯的錯誤。

　　首先說一下甚麼是 Header，其實，每一個網頁都有一個主題／標題，而標題用 HTML 代碼的時候，需要用上 H1 tag，意思是把該頁最重要的資訊放在 H1，以作標題之用。情況有如大家平日看報紙的時候，都只會把焦點放在標題，而不會看內文。所以報紙的標題和網頁 H1 tag 的作用一樣，都是吸引讀者去繼續閱讀。很多時候，大家都會不小心用錯了標題，然而，在我的工作中，最常看到一些明明看似是標題，事實上，該標題的原始碼／程式碼並未有用 H1 tag 去標註。所以，從 Google 的角度而言，這個根本不是一個標題，繼而會找其他的內文去取代本來的標題。

要做的事

1. 確保每一個網頁的 H1 tag 上有你希望別人搜尋到的意思和關鍵字
2. 將關鍵字放在 H1 標題的前半部份 (參考上篇文章所提及，設定 Page title 時，要把目標關鍵字放在 Header 的前半部份)

　　或許會有人問：是否一頁只能有一個 Page header 呢？是的，每一頁只能有一個 H1，換句話說，應把整篇文章的重點濃縮成一句，簡明扼要地放在 H1(H2 至 H6 會在下篇文章講解)。至於一個 Header 的長度，如中文字的話，我會建議為大約 20 至 30 字，太短或太長都是不理想的，20 至 30 字最為適中。

HKU Space 的網站正確地使用 H1 標註網頁的主題

3. 你有善用Image ALT嗎？

相信大家都知道，網站上愈多相片、文字，以及影片，愈能夠有效提升網站的 SEO 排名。有見及此，以下將會跟大家分享透過網頁上的相片提高網站排名的秘訣。

輸入相片的 ALT 參數對於網站的功用

在我多年的 SEO 工作中，不難發現大家上載相片到網站的時候，都忽略了加一個名為 ALT 的參數，ALT 參數其實是為了讓 Google 知道這張相片的內容究竟是什麼。可能你會想，現時 Google 的人工智能非常發達，為甚麼還要花時間去為每一張相片輸入 ALT 並作出描述？沒錯，Google 的人工智能的確發展迅速，可是到現時為止，Google 的人工智能並未發展到能夠自動偵察到相片的內容，所以，仍然要依靠著相片中的 ALT 屬性讓 Google 得知每張相片的內容。

至於為何相片需要輸入 ALT 參數，就需先提及另一件事——網頁親和力 (Web Accessibility)。這正是香港政府也在提倡的「無障礙網站」。由於世界上有些人，視覺上有缺憾或甚乎完全看不到東西，而一個視覺網站親和力的設計，正正是為了幫助這些人能夠明白到網站上面的資料，而其中一個方法就是在相片中輸入 ALT 參數，ALT 內的文字，會由機械讀出。此舉不但使他們知道相片的內容，更能夠幫助提升網站的 SEO 排名。

ALT 的第二個功用，就是當網站上的相片不能夠供瀏覽器下載時，ALT 能夠顯示出來，給讀者知道相片的描述是什麼。然後，當 ALT 參數成功令搜尋器明白到相片的內容之後，ALT 的第三個功用亦能夠達成，就是使搜尋器更容易去紀錄你的網站。

從上可見，ALT 參數對於網站有著莫大的功用，可是，依我所見，我發現到很多人普遍都不懂得怎樣善用 ALT 去達致一個高的排名，而當中的「重災區」就是網上商店。在網上商店中，每一件貨品都附有不少的相片，可是很多網主都忘記在 CMS ／網店後台為每一張相片加以描述，導致到 Google 不能夠分析到相片的內容。要大大提升網站排名，就必須讓 Google 知道相片的內容，所以，為每一張相片輸入 ALT 並加以描述是很重要的。

輸入 ALT 的三大「貼士」

想知道怎樣輸入 ALT 才是最好？我有三個「貼士」跟大家分享：

1. 確實地描述相片的內容及所發生的事，不要單單輸入目標關鍵字，反之，要有一個比較詳細的描述
2. 必須把目標關鍵字填寫在 ALT 參數中，而最好的位置則是 ALT 參數的前半部份
3. 如果網站有十張相片，應為每一張相片輸入一個符合該相片的 ALT 參數。換而言之，每張相片的 ALT 都不應重覆，網主應該用心為每張相片作出準確的描述

做到以上三項要訣，Google 就能夠輕易明白到相片的內容，從而提升網站的整體排名。順帶一提，如果相片的 ALT 參數愈寫得詳細，在 Google Image 中便愈容易搜尋到自己的相片。由於現今很多人都會透過 Google Image 去搜尋相片，所以如果掌握到寫作 ALT 的技術，對於網站排名一定有好大的幫助。

現今很多人都會透過 Google image 去搜尋相片，所以如果掌握到寫作 ALT 的技術，對於網站排名一定有好大的幫助。

4. 如何「chok」出評分星星？

在 SEO 世界裡那麼多秘技中，其中有一招叫「Chok 星星」。這個技巧是比較困難的，因為牽涉到少許程式碼，因此對於某些人來說可能會較為有難度。「Chok 星星」是指你的網頁在 Google 搜尋結果上，有 5 粒星星。一般人以為是 Google 頒發的，但實際上，大家也可以自行把評分星星 Chok 出來！秘技是，你的網頁是否包含著 Google 想要的資料，而 Google 想要的只有一樣，便是結構式資料 (Structured Data)，以下會教大家如何得到這個結構性資料以及解釋怎樣操作。

Review Snippet「評論摘要」

要獲得 Google 給予的星星，首先要去：http://developer.google.com/search/docs/data-types/article，然後左邊的側欄便會看到結構式資料的各項選擇，然後簡選 Review Snippet，向下拉便會看到 See Markup，按進去後便會有一頁的程序碼彈出來。而這些程序碼 (Code) 便是結構式資料。

結構式資料 (Structured Data)

結構式資料是程序碼 (Code)，而這個程序碼是必須跟隨 Google 的指示去自行編寫，就好像大家填表格一樣，讓 Google 清晰明白你的網站是有著什麼樣的資料。每種結構式資料都會有不同的程序碼，而 Review Snippet 是比較基本的一種，掌握這個技巧後便能夠在 Google 的搜尋結果上顯示評分星星。

「製造星星」

而製造星星是要把 Review Snippet 的結構式資料複製，然後在自己網站的 HTML 內面貼上再修改資料，修改成自己網站的資料，那麼 Google 獲得這些資料後，便清楚得知你的網站想表達什麼意思，從而會「派星星」給你，大概 1 － 2 星期後，便會有星星在你的搜尋結果上出現。

但我也說過，有星星這回事並不容易，因為涉及程序碼。大家如果原本對 I.T 並不熟悉的話便會難上加難。但凡事總有解決辦法，

大家如果有用 WordPress 的話，介紹一個插件給你們，而這個插件 (Plug In) 名字叫 Rich Snippets，能夠讓大家快速安插到想要的結構式資料，便不需要自行編寫了。

網頁設計課程 - 點止學嘢
https://learnmore.com.hk/網頁設計課程/ ▼
★★★★★ 評分：5 - 7 則評論
網頁設計課程現正接受報名！想自學寫網頁？學習寫一個網頁不是難事，點止學嘢設計的網頁設計課程，由現職的網站工程師及網頁設計師教授網頁設計的實用技術，...

掌握這個技巧後便能夠在 Google 的搜尋結果上顯示評分星星

5. 新 Domain 怎樣做 SEO 才最有效？

從事 SEO 這個行業後，很多人都會問我，買了 Domain 後需不需要即時被 Google index(索引)，還是待弄完整個網站後才放上網？這些問題我現在一一為大家解答，同時讓你們得知網域名稱其實也有「年齡」，而年齡是由被 Google index(索引) 的第一天開始計算。

Domain Age - 網域的「年齡」

先說年齡吧。其實 Domain 的年齡對於 SEO 有一定的影響性。「年紀越大」的 Domain 在 Google 心目中可以說是「得寵弟子」，她覺得年齡越大便會越穩定，同時可信性也會較高，Google 亦會給予高的評分。相反，「年紀小」的 Domain 便未能夠那麼快討好 Google，因為 Google 會認為「較新」的網站會製造假聞或抄襲，對它們的信任度較低。

「年齡」重要性

那為什麼網域的年齡在 SEO 有影響性呢？主要是因為年齡越大，累積的「經驗」、內容便會越來越多，而豐富的內容能夠獲取 Google 的「信任」，知道它們是長期經營的網站，因此在排名會較高。反之，Google 對於甚少「經驗」、內容的網域信任度會偏低，所以排行也會相對較低。

讓 Google「寵愛」你

想要讓 Google「寵愛」，請大家務必先把 Domain 給 Google index(索引)，讓自己的 Domain 先開始計算「年齡」，而非一直收藏。因為網域年齡是由納入 Google 系統後開始計算，而非購買那天計算，所以大家必須把網域先拿出來，即使網站還是很不完整或很多東西還沒弄好，但這些都可以後期再弄，毋需一次過做完。以我過來人的經驗，最重要的是先把第一頁放上網後，再放一個連結或一個帖子讓 Google Index；然後再弄第二頁，如此

類推，再重回第一頁優化內容，那麼便不會浪費了時間，同時也令自己的網域有了「年齡」。

　　做網頁這東西其實可以隨時隨地，不斷的修改；不同於書，書必須一次性地編輯再出版，因為沒法作出改變。而網頁能夠隨心地去編輯，因此不需要一開始便完美弄好。而新的 Domain 一定會比舊的 Domain「軟弱」，但不斷地更新及編輯，在三個月中排行定會上升不少，這就是 SEO 奧妙之處，需要時間等待，但一定會有成效。

6. 購買 Domain 時要注意的事項

當大家想要有自己的網站時，便會去想買 Domain，但是在買網域名稱時，當中也有不少事項需要留意，在我過往研究 SEO 以及購買域名時，以下有三樣事項是我認為必須要留意的地方。

第一：域名的地域性

買域名時，我建議大家必需買一整套的域名。所謂買一整套的域名即是將 (.com.hk) 和 (.hk) 兩項全買；最主要的原因是避免其他買家霸佔了其中一個域名，或被別人分享了品牌概念，讓其他人在搜尋引擎搜尋資料時，對於同一個名字卻有不同的網站而產生困惑。再者，由於我們身在於香港，購買 (.com.hk) 是更加能鞏固地域性，讓別人得悉該網站的出處源於香港。域名例如：(.com)(.net)(.org) 是 10 元美金；(.com.hk) 是港幣 250，而 (.hk) 是港幣 200。如果大家的客戶是香港，我建議大家要購買香港域名。

第二：SEO Keywords

買域名時都會有個顧慮，就是未必能夠申請到簡單又容易記的域名；很多人喜歡把關鍵字放入域名裡，例如地產公司想申請：xyz-real-estate.com.hk。但這未必是好事，因為沒有品牌作用，未能讓人留下印象。其實一個好的域名最好不要太長，比較容易記得，而且我認為其實無須過於執著域名裡有沒有 Keyword。以全球最強的 SEO 網站 Moz.com 為例，MOZ 在域名上也沒有「SEO」字眼，只是簡單的 (MOZ.com) 但依然能夠做到最強的 SEO，因此最重要的是內容，而非域名。

第三：域名的歷史

所謂域名的歷史其實是需要你去查核該域名的上一手或以前是做了什麼，去注意該網域名稱有沒有被禁止；去留意它之前的內容及運作會否與自己想做的事有任何關連。而我推薦用 WayBack Machine 去查核，方便快捷，容易使用。

題外話：

還有一點需要大家去留意，便是付款續租域名。買了域名後，必須每年定期付款續期，若然忘記了付款，當中會有 90 天的 Bockout Period，在這 90 天期間需要支付港幣 200 元的行政費，若然未能付款，域名便會開放給其他人購買。

7. 如何找出讓你免費 增加 Backlink 的網站？

就算作為 SEO 的初學者，也會知道 Backlink 在 SEO 上的功用。但要找網頁可以讓你放 Backlink 又談何容易？這篇教學會為大家介紹一個能夠找出對手反向連結的的免費方法。

Backlink - 反向連結是甚麼？

Backlink 是指由一個網站用超連結 (Hyper Link) 連接另一個網站 (目標網站)，而這個目標網站往往便是你自己公司的網站。假設我在一個論壇閱讀一則帖子，而帖子的內容是在談論化妝品的代購，而一個會員將 (目標網站)(為化妝品代購的公司網站) 放出來，那麼我便能從論壇中，點擊目標網站的連結，從而到達目標網站，而這便是 Backlink(反向連結)。

而 Backlink 的曝光率甚高，很多時候都會在每篇文章的最尾看到，而利用 Backlink 因為能夠從別的網站連接去自己的網站，所以這個做法是相當多人喜歡，深受歡迎。

「Backlink Checker」

Backlink 的做法有很多，但很多時候大家都無從入手，原因是因為不知道把網站連結放在那裡。而我現在為大家介紹一個免費同時能夠快速找到對手在那些地方放置連結的 checker。在 Google 上搜尋 Backlink Checker，那麼便會有各式各樣的 checker 推介，個人推介這個 https://smallseotools.com/backlink-checker/，方便快捷。

「大 Check」做法

上了這個網站後，只要輸入對手的網址，便會馬上看到出對手究竟在那些網站上放置 Backlink 了。

而 Backlink 越多會越好，因為能夠有效地增加曝光率及廣泛度。這時候你只需尋找些能夠免費放上反向連結的網站，而大部份

這些網站都是網誌、論壇、一些特別主題的網站，都是屬於免費的。而當你將自己的網站放了之後，不但可以與對手同時競爭，自己的排名也會因此已上升，效果十分顯著。然而並非單單只放網址那麼簡單，很多時候都需要加插文字或照片，最後再放上自己的官網才算完成。

URL	Anchor	ADR	Link Type	AUR
https://118.143.30.156/article/1947108/%E8%8A...	SuperPark	0	F	Check
http://18.217.136.213/2018/02/14/45000%E5%91...	https://superpark.com....	0	F	Check
https://appec.asia/sponsor/superpark/	https://www.superpark...	6	F	Check
https://myblogs.asia/talk/17246	http://bit.ly/2CP9PuY	32	F	Check
http://www.babebama.com/mobile/detail.php?id=2...	www.superpark.com.hk	17	NF	Check
https://www.bigfamilyz.com/superpark/	/superpark.com.hk/	1	F	Check
https://www.bigfunfit.com/superpark-vlog-%E5%...	https://superpark.com...	0	F	Check
http://allaboutalfred325.blogspot.com/2017/12/sup...	www.superpark.com.hk	5	F	Check

立刻看到對手在那些地方放置了反向連結，你也可以放置啊！

8. 活用 Youtube 影片 提升網站排名

影片是非常吸引到人的內容，但是利用影片去提升網站排名又是一種技巧。將影片放在 YouTube 這個平台再放到網站，能夠活用得而，那麼網站的排名也會提高。

活用 Youtube 影片大法

大家可能會產生一個疑惑，為什麼要用 YouTube 上傳影片，而非上傳至本身的網站伺服器？；答案很簡單，便是容量。影片本身容量大，動輒上 1GB，若然將影片直接放在伺服器，那麼便會佔用大量網站伺服器容量。但是當你把影片放在 Youtube，再將它嵌入自己的網站，那麼儲存影片的便不是你的網站伺服器，那麼便決解了容量的問題。再者，把影片放到 YouTube 可讓更多人觀看，何樂而不為？

「三大步驟」

而要活用 YouTube 方法其實很簡單。只要跟隨以下 3 個步驟，便能夠令你的網頁取得更高排名。

\# 第一步：

假設公司有一段 30 分鐘的影片，先把 30 分鐘的影片剪成大概 10 段。

\# 第二步：

把 Keywords(關鍵字) 放在影片標題中，最好在前半部份。

\# 第三步：

然後將每段影片在 YouTube 上傳後，再將它們嵌入到自己網站上。

利用 YouTube 影片的做法，最主要是因為 Google 很喜歡影片，它會認為是內容豐富的訊號。搜尋關鍵字眼時，若然網站內有影片，一般會佔有較高的排名。影片數量越多，SEO 的效果會越好。

《標題》

　　影片的標題必須包括關鍵字，特別要把關鍵字放在標題的前半部；例如公司是以生日會作業務，那麼上傳影片的標題需要充滿「生日會」這三字。e.g：生日會派對生日會統籌生日會表演生日會派對套餐；這樣的標題可以提升排名，關鍵字越多，那麼 SEO 效果也會有所提升，另外需要注意的是，適當的加框（「」【】）在關鍵字眼，也有加強的效果。

Google 很喜歡影片，它會認為是內容豐富的訊號
http://www.weddingmcjack.com/

9. 製作高排名的網頁 3 步曲

　　我想大家都應該知道如何製作高排名的網頁了吧？新的想法、好的內容及以 HTML 強調關鍵字；大家對這三大要素都應該耳熟能詳。但大家又知不知道該從那裡入手以及尋找新想法呢？以下有些建議讓大家參考參考，我更會教大家一個小秘技提高排名。

第一步：尋找新的想法

　　Facebook、Instagram、WeChat 朋友圈、Twitter、Google Analytics、Google Webmaster、Meetup、報章雜誌、個人、朋友故事及客戶常見問題等等，都是尋找新想法的好地方，因為最為貼近社交內容，最貼題，會是大部份人都能夠參與及明白的想法。如果網頁是關於手機維修，那麼想法客戶的問題應是理想的內容來源；因為客戶提出的問題亦都是大部份人會想知道的事情。

第二步：寫出好的內容

　　要記住，客戶輸入在 Google 上的關鍵字，其實是他們的「問題」，而你要提供合適的「答案」，才能有機會在第一頁出現。例如，客戶輸「手機維修 旺角」，即是想找旺角的手機維修店。如果你想取得這個 Keyword 的高排名，你的網頁上有沒有向 Google 顯示你是在旺角區呢？一篇好內容是要有「資訊性」及「教育性」，讓人知道一些有用的資訊，進而有一些行動。如果只單純寫一些公司介紹，很難有高的排名啊！

第三步：以 HTML 向 Google 強調關鍵字

　　好了，網頁內容寫好了，但如果直接放到網頁上的話，應不會有好的結果。原因是，你要以 HTML 向 Google 強調你想強調的關鍵字，否則，你的內容便沒有方向性了！現時，很多 CMS 也支援在線修改 HTML，關於如何用 HTML 加強關鍵字，我會在下篇教學詳述！

10. 那裡可以找到寫作網頁內容的靈感？

SEO 提升排名其中一個技巧便是需要有豐富的內容，而先前已經向大家推介了不少尋找靈感的地方，現在我再跟大家說說那幾種特別適合香港公司使用以及怎樣的形式才會有更多的點擊率。

先說 Facebook。大家大概會認為現在 Facebook 已經不再流行，身邊很多人已經很少再用 Facebook，但是 Facebook 所接收的資訊是十分廣泛的，而且很多人也會在這個平台發佈各式各樣的訊息及動態，而其實 Facebook 有個系統比其他平台優勝，令到更多人接收一些日常難以接收的訊息；這個系統，便是「群組」。

「群組」其實與一般討論區並無分別，而成員都是 Facebook 的用戶，只要申請加入某個群組便能夠在群組中暢所欲言，而裡面的成員完全無分國家、性別、年齡，只要你想申請加入便能夠加入，可以發佈自己想與人討論的東西或各項有趣的事情。

往往內容便是由這裡開始產生的。香港區的 Facebook 有不少群組人數都十分多，大家都會發佈各式各樣的事物，從而留言，互相交流意見。想從不同的年齡層裡尋找靈感，在群組裡都會得到新發現，而且話題十分貼近生活，令你更能了解現在香港人的想法及需要。

Instagram 則較為年輕化，而且因為發帖子必須配圖，不能只有文字，因此較受年輕人歡迎，若然網站是以吸引年輕人為主，則可以集中在 Instagram 的平台上尋找題材。

Instagram 有樣特別的功能便是「標籤」(Hashtag)。很多人也會特意去尋找一個類別的 Hashtag 從而得知資訊。例如：＃香港美食、#HKFOODIE、＃旅遊、＃購物好去處，等等都是一些常用的 Hashtag，而這些 Hashtag 往往都能提供不少資訊，從而得知港人的喜好，興趣等等。

而 Linkedin、Meetup 及 Wechat 朋友圈等平台都大同小異。Wechat 朋友圈所分享的內容，大部份都是與內地有關，需要提醒的是，有些新聞或資訊可能是造假的，因此必須要有清晰的判斷能力。

即使有豐富的內容，也必須為真實，不能夠太虛假才能夠提升 SEO；因此個人、朋友故事或客戶問題會是最為真實有用的內容。而關於客戶問題，我在上一篇也說過，一位客戶所提出的問題，往往也是其他客戶想知的，網頁內容增加 Q&A 這類型的問答，其實能夠吸引不少流量；因為大家始終在網上尋找答案。如果你是經營關於美容的網頁，可以說一說女生最感興趣的皮膚問題。製作內容的秘訣，在於了解客戶的心理，從而寫出能迎合客戶需求的網頁內容。

若然網站是以吸引年輕人為主，則可以集中在 Instagram 的平台上尋找題材

11. 千萬別少看HTML Markup 對排名的影響

HTML 是用來編寫網頁的程序碼，它不單能控制網頁的排版及外觀，同時會影響 SEO 排名。以下，我將會跟你說明怎樣善用 HTML 才會對網頁排名有正面的幫助，而用錯了的話，卻會有反效果。

HTML Mark 全寫是：「HyperText Markup Language」，你其實可以利用 HTML 去「引導」Google 對你網頁的看法，讓它明白到內容中最想表達的主題是什麼。簡單來說，Google 只是一個計分器，你只要把適合的 HTML，套用在適合的字眼上，該字眼便會加分。那麼，只要你小心控制著 HTML 的用法，在某程度上，能控制到 Google 對你網頁的評分！

太玄吧？讓我說說一個簡單的例子，讓你明白 HTML 的影響。

我寫了一篇文章，而這篇文章是：「網頁設計班，ANDY 叔」；這兩句便是我全部的內容。注意：「<h1> 是指 headline 標題，<b> 是指把內容變為粗體字」

我加了 Markup 後是這樣的：<b> 網頁設計班 <b> <h1>ANDY 叔 </h1>。

看完這個 Markup 後，大家覺得有沒有問題？有否察覺出問題所在？

事實上，這個 Markup 是沒有錯的，文章也會正常顯示出來。文章只有兩句，「網頁設計班」放在前面，一般人理解會是，這篇文的重點是「網頁設計班」。

但這樣的 Markup 卻把重點放在「ANDY 叔」，而非「網頁設計班」。Google 看的，跟我們人類不一樣啊！你看到嗎？因為 Markup 用法不同，比重也會不同，即使是同樣的字，但重點是放在「ANDY 叔」，而不是放在「網頁設計班」。

反之，我將兩個 Markup 互換。**<h1>** 網頁設計班 **</h1> **
「ANDY 叔」****

那麼這次的重點便真正是「網頁設計班」，而非「ANDY 叔」。
而當別人搜尋「網頁設計班」時，我的文章也會很快顯示出來。所
以，除了要寫好的內容外，用對的 Markup 能夠讓 Google 更能明
白你的文章重點。

HTML 一直是搜索引擎用來理解網頁內容的重要信號，而若然
Markup 如此不清晰，那麼排名又怎會上升？因此，必須分清重點，
用對 HTML Markup。

 # 提示：

<h1> 網頁設計班 **</h1> <h1>**ANDY 叔 **</h1>** 這樣 Markup 是
沒有用的，因為沒有重點。

如果想學習更多 HTML 的用法，可以到 https://www.w3schools.com

12. SEO 有甚麼好處？

　　為什麼我大力推薦大家利用 SEO？因為現在大部份人都是上網找資料，而很多人其實莫名地相信 Google 能夠為他們推薦好的網站，而排名較高的網站，往往點擊率都是最高的，再加上，SEO 最大吸引之處是免費，擁有免費自然人流且能建立行業權威，這就是 SEO 在網上的威力。

　　例如你想找一間會計公司，而香港會計公司的數目應有過千間，甚至更多，但奇怪的是，大部份人搜尋的時候，大都會認為第一頁出現的是最好，認為 Google 搜尋出來的第一頁結果會是列出頭十位最好的公司！因此大家都會認為要找的資料在第一頁便能夠找到；而絕大部份人都不會點擊第三頁，大家往往只會看第一頁的頭五位。

　　根據 Chitika 的「Percentage of Traffic by Google Results Position」研究指出，Google 搜尋結果第一位的點擊率是高達 33%，而由圖中可以看出，第一位至第三位的點擊率也十分高；然而第一位和第二位的點擊率其實也相差近 10%，若然網頁排名在第 80 名的位置（大概是第八頁的最尾），那麼可以說是無人問津；由此可見第一位的排名是相當有威力。

　　當然大家會有個想法，便是如果我網頁排名第 20 位（大概是第二頁的最尾），那麼大概也會有 20 個人去點擊，但實際上並非如此，點擊人數甚至會是少於 5 人；而圖中其實也反映出這個事實，可以看到點擊率在第 11 位突然下降，因為第 11 個位置是已經第 2 頁，而續看第 2 頁的人數其實並不多，點擊率甚至更少。但如果你的網頁就算排在第 2 頁也吸引到不少人點擊，有機會是你原本的市場很大，那麼爬升第一頁時，人流量應會更多。

　　當然有不少人問我，直接出價投廣告（在第一頁的廣告第一位）最頂端，點擊率會否增加很多；答案是不會。點擊率大概只有 3%，如同第 9-10 位。我並不反對大家買廣告，但是大家有能力的話，倒不如做好 SEO，讓自己在搜尋器上穩守第一頁，吸引更多免費的人流！

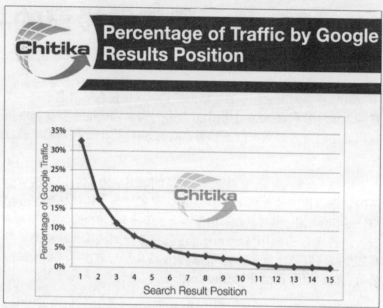

13. SEO 是一種值得投資的宣傳方法

SEO 需要時間及耐心去培養而令到網站更優化，排名更高。而實際上很多公司在 SEO 上也十分落力，務求自己的網頁能夠在搜尋關鍵字時排名較前，很多公司也認為 SEO 是十分有效的宣傳方法。

根據 Econsultancy 在 2018 年訪問超過 600 間公司，研究對不同宣傳方法的成效果。當中 SEO 排名第二高，雖然比起 Email Marketing(電子郵件行銷) 相差不大，但所得到的好評高達 7 − 8 成。而最高的 Email Marketing 由於完全無須成本，能夠與客戶長期維持良好關係，從而令到他們對品牌產生忠誠度，所以大部份公司也喜歡使用 Email Marketing。

而最常聽到的 Online Display Advertising(網絡展示廣告)，是在一些較出名的平台上買位置放 Banner 去吸引人們點擊，然而卻有 26% 的人覺得差，大概是因為性價比低，且沒有太大效果。而我早前也曾嘗試過在某報章的網絡版放上 Banner，可是點擊率十分低，而且若有人點擊一次都需要收費約 10 多元不等，因此性價比並不太高。再者，Online Display Advertising 需要以高成本來換取點擊率，而點擊率或會未如預想，那麼在過程中可以說是花了心機又浪費了金錢。

而在 HubSpot 所作出的調查，是以 SEO 的性價比為最高，其次為 Social Media(社交媒體)。SEO 的好處是初期投入時間會較大，但是，當取得排名後，幾乎不用理會，也能長期地吸引新客戶，同時，客戶的轉化率也是其他常用的宣傳方法最高的！

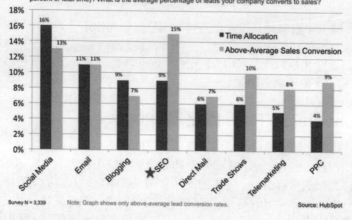

SEO Is the Best Inbound Strategy
in Terms of Sales Conversion vs. Effort

Q: How does your company dedicate its full-time marketers to the following channels (as a percent of total time) / What is the average percentage of leads your company converts to sales?

- Time Allocation
- Above-Average Sales Conversion

Survey N = 3,339   Note: Graph shows only above-average lead conversion rates.   Source: HubSpot

14. 用 SEO 長尾策略 提高轉化率

當有了自家網頁後，提高轉化率是每個人都希望的事情，畢竟每人都希望訪客會有實際行動，而非單純點擊。而提高轉化率其中一個要點便是利用 SEO 長尾策略；以下我將會教大家長尾策略的技巧，希望大家掌握要訣。

Conversion Rate 轉化率

用戶／訪客通過搜索引擎進了自己的網站，而他們在網站亦有實際行動，例如：購買產品、註冊會員、查詢服務等等；而這些行為從點擊到購買都是一連串的轉換，即是說轉化率為訪問次數與用戶行為的比率。(用戶行為：訪問次數)。例如一個電子商務網站在一個月內有 200 名訪客，並且有 50 名客戶進行購買活動，那麼轉化率便是 25%。而轉化率可以衡量你網頁能否推動用戶作出轉換行為，而非單純訪客。

SEO Long Tail Strategy(長尾策略)

提高轉化率其中一個方法便是從 SEO Long Tail(長尾策略)入手。所謂長尾策略即是說當搜尋關鍵字時，關鍵字的「長尾」比較長，用戶購買的成功率會較高。例如我主要的關鍵字是：「網頁班」、「寫 APPS 班」、「網站班」等等；這些都為「短尾」，但是十分主要的關鍵字。而我想為他們寫成「長尾」的話，則會是「旺角寫 APPS 班」、「輕易設計網頁班」、「網站 7 步育成班」等等；可以看到兩者的分別是主要關鍵字以及增加了描述的關鍵字。

長尾策略成功之處

長尾策略主要的成功是因為當客戶搜尋「長尾關鍵字」時，大部份人都已經有著實際行動意欲。例如我的手機爆了屏幕，那麼我在搜尋引擎中搜尋的關鍵字會是：「iPhone 7 plus 爆 Mon 維修」，所以當我點擊某一個看中的網站後，我便會預約維修。而這樣的行為便是提高了該網站的轉化率。

我再舉多一個例子吧，我想購買一部新手機給家人，所以關鍵字會是：「大螢幕 高清 華為」，而這些加了形容詞的關鍵字，往往都已經有購買目標，因此購買機率亦會較高。

「短尾」有什麼不好？

短尾並沒有什麼不好，只是短尾是比較高成本而且會和很多人競爭。

例如我主要關鍵字為：手機配件，那麼一定會與很多人在SEO上爭位置，而當我將關鍵字設為：SAMSUNG 手機配件、SAMSUNG 9 手機代用電池；成效會更好甚至低成本，消費者亦會更方便認出產品從而購買。

用 SEO 長尾策略最主要的要素便是從目標關鍵字演變成長尾關鍵字，而尋找關鍵字的其中一個方法便是透過 Google Keywords Tool，那麼長尾策略亦會得心應手。

15. Google Search Console - 十分有用的 SEO 工具

當網頁成功設計後，很多人都會問我如何追蹤瀏覽人數，流量甚至是網頁的曝光率 (Impression)。為此我現在會介紹大家用一個十分有用的 SEO 工具，而且更會為你帶來關鍵字上的靈感。

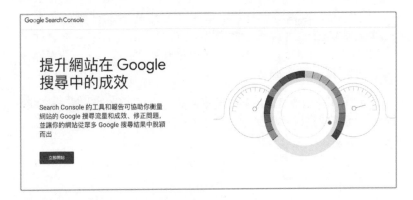

Google Search Console

大家可能會對於這個名字不太熟悉，然而這只是由 Google Webmaster 帶出的工具。這個工具主要能讓你清楚知道網站頁面的曝光率以及點擊率，而且當你使用這個程式後，它便會自動追蹤你的網站，每星期都會更新數據，從而分析出你網站的流量、點擊率及人數等等。在 Google Search Console 的項目當中，有一個功能叫「成效」，他能夠透過分析讓你得知瀏覽者在你網站裡搜尋了什麼，以及是透過那個關鍵字進入網站。由此，我將以一間花店作為例子，向大家說明這個工具的功效，讓大家更易明白，而數據的日期能夠自行決定，所以我設定了 3 個月。

當大家搜尋花店的時候，很少會搜尋花店名稱，大多數是搜尋花的品種／用途。以「貴族松聖誕樹」為例，可以從數據得知曝光率有 58，而點擊率則有 2。而 SEO 中的曝光率定義是曾經在搜尋引擎 (Search Engine) 中出現過的次數，則為每當網址出現在使用者的搜尋結果中即計為 1 次曝光。

而當我在 Google 搜尋這個關鍵字時，第一頁的搜尋結果是沒有顯示出來，是在第 2 頁才顯示出來，但這樣的曝光率也有 58，則是代表那時候人們對於「貴族松聖誕樹」需求較大，畢竟我先前也說過大部份人是不太會點擊第 2 頁查看。但大家也知道這個是屬於季節性產品，因此你可以再選擇其他查詢項目，透過數據查看其他關鍵字的曝光率及點擊率較低以作改善。

　　例如以「東涌花店」為例，假設只有 11 次曝光率，便需要了解到底是沒有用戶搜尋，還是在 Google 排名上太低，從而將這個關鍵字提升，讓別人在搜尋「東涌花店」時，網站是排名第 1。而花店通常最主要推銷長青款，例如：「訂花束」、「生日花束」這些字眼比較多人查詢，那麼亦需要將這些關鍵字提高更多的曝光率，令到排名上升；因為網站不可能只有一個頁面，而當一個頁面的排名在搜尋結果的第一頁時，那麼最好把其他頁面也能出現在第一頁，而從用戶最常搜尋的關鍵字入手，效果會更為顯著。

曝光率低的關鍵字是否不用理會？

　　而在數據中當然也會看到有些關鍵字的曝光率較低，只有 1 － 2 次，而這些關鍵字也不能夠忽略，因為他們會為你帶來提升排名的靈感。雖然曝光率高的關鍵字需要著重留意，然而曝光率低的也能夠你為網頁提升 Impression Rate。例如別人會搜尋「滿天星」、「小菊種類」、「99 枝玫瑰」等等，雖然花店有提供這些產品，但由於排名不高，因此曝光率較低；所以提升這些曝光率低的關鍵字，那麼在搜尋結果的第 1 頁也會輕易看到。

　　除了「成效」這個功能外，「連結」功能也能夠幫助你去搜尋有那些外來網站連結自家網站，即是「Backlink」。

16. 教你 1 眼看穿某個關鍵字易不易做

我在設計網頁時，必定會先去發掘網頁有那些關鍵字能夠讓我在搜尋結果中出現在第一頁，而這個過程其實取決於你的網頁是屬於那些類別，而且也需要去看當中會否有很多本地網站同時與你競爭。在此我會以一間電子白板公司作為例子。

找出成因

有一間電子白板公司並沒有自家的網站，而他打算設計一個網站以增加生意。但當時在 Google 搜尋結果的第一頁中第 1-3 個排名更是出現簡體字，中國的網站以及維基，並沒有關於香港電子白板的。而原因也簡單，因為香港沒有人特意搜尋電子白板，而電子白板在香港並沒有很大的市場，而是內地人搜尋居多。但由於我們所定立的目標客戶是香港人，因此我們便必需在電子白板的主題上加上不同的關鍵字，以定香港市場。

加設關鍵字

其實關鍵字的排名與「拉 curve」大同小異，你只需要比其他對手針對某個概念，提供更多有用的內容，那麼網站便會較容易上升。而電子白板因為市場對手不多，大概只有 10 個或以下，難度並不高，因此加設的關鍵字大概是：「電子白板香港」、「電子白板價錢」、「電子白板學校」等等，以針對提供高科技的教學設施給學校／香港市場。至於為什麼說難度不高，是因為那時對手並沒有做 SEO，而在頁面上更未出現其他有關售賣電子白板的網站，因此登上第一頁所需時間不長，而且 Google 排名是按 200 多個項目計算總分，不是要達到某個分數才可以排名第一，所以更容易。

為什麼說對手很少？

首先 Google 排名會按用戶的所在地區產生變化，例如你在台灣，搜尋「電子白板」時，會出現台灣的網站，而非香港。而當你回到香港，在香港的地區搜尋便會出現香港的網站；代表著如果該關鍵字在 Google 搜尋結果中的第 2 頁或更早位置出現了其他地區

的網站 (如：CN，TW)，說明著 Google 在香港已經沒有其他適合的網站推介，因為在第 1 頁已經出現非本地的網站，即是在香港甚少人賣電子白板，所以能夠輕易排在第一頁。

其實關鍵字並非難做，只要掌握著別人少用的詞滙要訣，從詞滙入手，那麼關鍵字便能夠為你提升排名。

17. 地區設定
是做 SEO 重要一環

做 SEO 的時候，大家常常會忘記一些小細節，而往往這些小細節也會對 SEO 造成影響，而地區設定便是其中一樣重要的因素，如果你的目標客戶是香港，那麼你應把地區設定為香港，而非國外。而 Google 自 2013 年的 Pigeon 後，便會按瀏覽者的地區顯示不同的搜尋結果，再加上大家現在電腦及手提電話都會自動開啟 GPS，Google Pigeon 便能給予最接近搜尋者的地區，令到那些網站、店鋪等增加曝光率。

以下將有幾種方法設定網頁的地區，讓 Google 知道你的目標地區。大家只需選取一個則可，無須選取全部方法。

Domain

對於 Domain 一詞，相信大家並不陌生，如果你的目標市場是香港的話，那麼購買 .com.hk 及 .hk 域名是必須的。Google 一般會以域名來判斷網頁的目標地區，例如，當一個人在香港境內進行搜尋時，Google 的顯示結果會根據香港地區而排列，而非國外的結果為先。例如：診所、西餐廳、甜品店、手機維修店等等。因此購買 .com.hk 更加能鞏固地域性，讓別人得悉該網站的出處源於香港。反之，如果你的市場是以國外為主，則需要購買 .com 域名。而大家購買 Domain 則可以在 HKDNR 上選擇，可信性高。

Google Webmaster

Google Webmaster 是一個 Google 的網站管理員，能夠讓你輕易設定網站的語系。例如當你上了你自己網站的時候，在網站的 Webinspect 裡可以自行調較國家及語言。

<meta property="og:type locale"content="zh_HK"/> 這一個程序碼便是證明著為香港語言。

HTML Lang（進階版）

　　HTML 是網頁最基本的程序碼，而要令到 Google 知道自己的網站是在香港地區的話，在 HTML 裡面的內容便需要加插 tag.(zh_hk)。讓我示範一個例子讓大家更加明白吧。

　　E.g **<html lang="zh-hk" prefix=" og: http://ogp.me/ns#">** 由此可以看到程序碼加插了

　　tag.(zh_hk)，有助 Google 分別網站的地區性。

　　以上三種方法也可以為網頁設定地域性。但請大家必須留意一點，即使設定了香港地區，也必需在自己的網站上寫上聯絡資料、電話 (必須加插＋ 852) 以及地址，這一個小細節很多人也會忘記，但這是令 Google 知道你的目標市場的方法。

18. 怎麼設定中文 URL？

URL 是 Uniform Resource Locator 的縮寫，即是我們平時所說的「網址」。

例如：https://learnmore.com.hk/application 就是一個網址。

設定 URL 是一種學問，而我認為設定中文 URL 對於 SEO 有很大的幫助，特別是當瀏覽者用中文關鍵字搜尋時，擁有中文 URL 的網站往往能突圍而出。

中文 URL

由 於 Google 能 夠 index 中 文 URL，所 以 當 我 設 定 learnmore.com.hk 網站時，便花了不少心思在中文 URL 上，希望能爭取更高的排名。例如其中我們有提供 IT 企業培訓服務，那麼我便把網址設定為 https://learnmore.com.hk/ 企業培訓 - 香港中小企業公司培訓 /，現在，當你搜尋「企業培訓課程」時，這個網址也能排到較前的位置。

我再舉一個例子讓大家參考吧。有一間公司是售賣教學電子白板，目標市場有二，其一是學校，其二是公司客戶。所以，我建議他把公司網站分開兩頁，設定不同的中文 URL。分別是 abccompany.com/ 教學電子白板 和 abccompany.com/ 商用電子白板。

如何設定中文 URL

設定中文 URL 會否很難？不，一點也不難。若然你的網站是用 WordPress，那麼便能夠自行設定中文 URL；但如果是用 php 編寫的話，便需要利用 URL rewrite 協助。

而在這裡有個小技巧可以告訴大家，當 URL 配合「動詞」時，會有更好的 SEO 效果。

例如：「買 XX」、「食 XX」、「看 XX」等等，這些關鍵字放在 URL，對於 SEO 也有正面的效果，因為很多人也會輸入動詞＋名詞進行搜索。而 URL 最多可以兩層，例如一間公司是做團購服務，而關鍵字是「月餅」，那麼 URL 便可以為「http://dreambuy.com.hk/團購/月餅」，而這樣的 URL 也顯示得很清晰。

19. 網站分頁有技巧

在網頁優化過程中，網站分頁也是相當重要。分頁不但能夠令你網站清晰易明，而且能令瀏覽者能夠輕易找出所需的內容；把不同的資料分頁顯示，會有助向 Google 發出一個「專業」的訊號，反之，如果你把不同類別的資料都放在同一頁，會干擾 Google 對你網頁的評分。以下我將會說明該如何入手設計分頁及注意的事情。

設計分頁時，最多人會有的疑惑便是該如何找出瀏覽者常用搜尋的字眼。因為每一頁應是集中火力做同一類的關鍵字，所以，你要了解客戶最常輸入甚麼關鍵字。方法其實很簡單，便是利用 Google Adwords 的 Keyword Planner。Keyword Planner 能夠幫助你選擇合適的關鍵字來迎合客戶需要，然後你再根據關鍵字把網站內容分頁。

以網上超級市場「士多」為例，他會以「飲食」、「生活」、「盤點大清貨」等等作為大分頁，這些字眼能夠快速讓瀏覽者得知分頁內容從而選項。而在大分頁中，其中的小分頁亦會分佈在其中。例如在「飲食」的分頁中，亦會有不同食品類別，這些小分頁的關鍵字全是有數據支持，不是隨便定出來的。

注意一：切勿使用 One Page Design

而當設計分頁內容中，大家都會因為分頁太麻煩而使用 One Page Design，即是將所有主題全放在同一個頁面。例如，會計公司把不同服務都放在同一頁上。無疑，One Page Design 的製作成本較分頁的低，但我勸喻大家不要因為想降低成本而使用 One Page Design，因為這對 SEO 有很多弊處。除了令到網頁加載需時，最重要是令 Google 難以分析那一部份才是該頁的重要內容，進而令排名降低。

注意二：必需每頁重覆強調一個主題

以「士多」的飲食類別為例，當中有一個類別為「零食 - 日韓人氣杯麵」，而我們在這個分頁中只需要集中整合杯麵的產品，不需要把另外的日韓產品也列入其中，假設把韓國紫菜產品也放進這個分頁，便難以得知主題到底是杯麵還是紫菜；這樣不但會令主題混淆同時亦會令 Google 難以分辨網頁應屬於哪個主題，排名會受到影響。

ＳＥＯ 秘技 100 招

20. 圖片的 SEO 優化技巧

我們常常說 SEO 一定要有 Content-Rich，那麼 Content-Rich 是什麼呢？即是說內容一定要豐富，集合「多圖、多字、多片」的三大元素；但是，並非盲目上傳圖片或影片就能夠得到排名，而是需要技巧的。以下這篇，我將會教大家上傳圖片時的 5 大要點，讓大家掌握。

1. Image Content Strategy 圖片內容策略

在上傳圖片時，首先要想的便是這些圖片能否代表著自家的網站以及宣傳效果。試想想若然網頁是關於家品的，然而放上的圖片卻並非產品圖，而是你店鋪的環境，那麼這樣會吸引到客人嗎？不會。圖片要有關連性才能夠令到圖片發揮作用，雖然店鋪環境是與自己有關，但客人點擊網站或搜尋關鍵字時並非想知道店鋪環境，而是想看產品；因此選擇圖片時應該以客人的身份去想想。

2. Image Quality 圖片質素

一定要選擇解像度高的圖片，而不是模糊的圖片。沒有人會喜歡看到低清的圖片，而在搜尋時如果看到低質的圖片也不會點擊，因此必須為高清圖，在視覺效果上感覺也比較好。

3. Image Description 圖片描述

描述圖片時有兩個要項，分別是圖片名稱以及 ALT。由於搜尋器是不能「看到」圖片上的內容，所以，我們便要靠圖片名稱及 ALT 去令它們明白圖片內容。圖片名稱可以是關於圖片的形容詞以及相關適當的關鍵字，但不等於關鍵字填充 (不斷重覆關鍵字)，而 ALT 便是詳細一點的描述。

例如
圖片是一個貓的杯子，名稱 (cat_cup.jpg) 比 (IMG0112.jpg) 更為適合
而在 ALT 便會是：

```
<img src="catecup.jpeg" alt="cute-british-white-cat-cup">
```

儘量具體描述，方便搜尋引擎抓取主題內容。

4. Image Size 圖片大小

　　將圖片調節適合大小，以免頁面加載時間過長，特別對於用手機上網的人會更不方便。一般而言，如果圖片的大小超過 1MB，便是屬於太大，需要進行壓縮。

推薦使用：

https://tinypng.com，它能自動壓縮圖片，同時不會令質素變低。

5. Image Sitemap 圖片地圖

　　可以考慮加設圖片的 Sitemap，提供圖片額外相關資料，進一步令 Google 發現網站上的圖像。

SEO 秘技 100 招

21. 影片的 SEO 優化技巧

在上一篇我講解了圖片優化技巧，而這篇要說的便是優化影片技巧。在之前的篇章我提及到 Google 會以網頁裡影片的數量來決定這個網頁是否屬於 Content-Rich。那麼，我們可以將一段 30 分鐘的影片剪成 5 段，放在網頁上，可以令 Google「覺得」網頁的內容較其他公司的豐富。以下是大家做影片 SEO 優化時需要注意的 6 大事項。

1. Video Content Strategy 影片內容策略

制訂影片的內容的構思最主要是令到訪客透過影片便能夠了解網頁 (自己公司) 的大致意向，最好是用自家拍攝的片段而非在網上搜尋。利用 YouTube 上傳影片後再嵌入 (embed) 自己的網頁效果會更好。那麼為什麼要用 Youtube 上傳而非直接在網頁上上傳呢？因為容量問題，影片容量大，便會佔用大量網站伺服器容量，而且在 YouTube 的傳播力也十分強大，無分地區限制，在搜索欄中打上關鍵字也能夠出現不同形式的影片，所以廣泛度甚高。

2. Video Optimization 影片優化

Google 對於影片的喜愛度可以說是極度喜歡，若然想優化影片的搜尋就必須在 Google 的 SERPs(Search Engine Results Pages) 上顯示出有影片在你的網站。例如當我搜尋 : 魚香茄子煮法，那麼 Google 的搜尋結果便會在最上的位置彈出影片推薦，而這個位置便是關鍵之處。要出現在搜尋結果的影片位置，必需為影片選擇良好畫質的縮圖以及要注意頁面加載時間，那麼當瀏覽者搜尋關鍵字時便會更容易注意影片。

3. Video Sitemap 影片網站

為網站的影片建立一個 Sitemap，和圖片一樣，令 Google 能夠更了解影片內容。

4. Semantic Markup 語義標記

不要忘記影片的 Semantic Markup，能夠透過影片了解頁面的內容。

5. Video Descrpition 影片描述

除了圖片外，影片也需要描述。而影片的描述則能夠幫助 GoogleBot 理解影片內容是什麼，而且也可以幫助聽力受損的人清楚內容。

6. Video Length 影片長度

把影片長度從長段剪成短段是 SEO 影片優化最基本的做法，而且更是創造良好的用戶體驗給瀏覽者。根據 Wistia 的研究，影片越短越好，觀看者對於 30 秒的影片會更樂意觀看，但長於 30 秒的片段便會退出影片；再加上 Google 以影片數量計算，把影片剪成幾段便能有效提高排名。

把圖片和影片的細節位加以改善及整理，相信提高排名也能得心應手。

22. 怎樣利用Latent Semantic Indexing 提升排名？

近年，Google 的人工智能已十分先進，已能夠明白到一個詞語跟另一個詞語之間的關係。所以，我們做 SEO 時，不用重覆地插入關鍵字，而需要把Google 覺得相關的詞語自然地放入文章內。這方式是利用 Latent Semantic Indexing(LSI)Keywords 去編寫內容。

Latent Semantic Indexing Keywords

LSI 是潛在語義索引的縮寫，簡單來說是在同樣的語境中使用的詞語一般具有相似的含義，基於這一規則的搜索方法，讓瀏覽者搜尋不同的字，也能夠找到相同理念的網頁。

我想強調一點，現時我們需要把一個網頁包裝為某一個概念，而不是不斷重覆插入關鍵字。

舉一個例子：

我想在「學校」這個概念上有排名，我便在內容上多加一些有關的字眼，例如「有趣教學」、「學生」、「老師」、「課本」、「校長」等等，而這樣的做法能引導 Google 覺得你是與這個概念有著相關性，而且能夠增加語境，因此在編寫內容方面，加上不同的字眼會令文字比較自然，要不經意地重覆概念相關的字，而非重覆關鍵字。

但我要在那裡找跟一個概念相關的字眼呢？以下推介 5 種方法。

SEO 秘技 100 招

1. Simple Google Search

由最簡單的方法開始說起，莫過於是 Google 自身的搜尋。當你在搜尋欄中輸入一組詞語，便會彈出與查詢相關的關鍵字。例如當我打：「收音機」、對於這個詞的初步搜索結果會是：「收音機 DSE」、「收音機推介」、「收音機鬧鐘」等等，而且這些關鍵字能夠指向不同的頁面；再加上當你在搜尋結果中的底部會發現一個標題名為「XXX 的相關搜尋」，這些便是 Goolge 覺得跟搜尋關鍵字相關的字眼，你可以用這些字眼來編寫內容。

收音機的相關搜尋

收音機sony	便攜式收音機
收音機直播	收音機app推薦
網上收音機	cd收音機
收音機英文	iphone收音機
百老匯收音機	收音機鬧鐘

Gooooooooogle ›

1 2 3 4 5 6 7 8 9 10　　下一頁

2. Keyword Planner Tool via Google Adwords

在之前的篇章我一直推介大家使用 Keyword Planner Tool，這工具可以找出很多相關關鍵字，同時會註明關鍵字的競爭性。競爭性越高，即代表做 SEO 的難度會越高。

3. SERPs Keyword Research Database Tool

搜尋結果頁面的關鍵字研究數據庫工具與 Keyword Planner Tool 十分相似。你只需要輸入關鍵字，便會知道瀏覽者的搜索量和 CPC 的結果。而這兩個做法都是能夠了解用戶的思維，從而在文章中加強吸引字眼。

網址：https://serps.com/tools/keyword-research/

4. LSI Keyword Generator

LSI 關鍵字生成器 (LSI Graph) 是一個專門用於生產 LSI 關鍵字的免費工具。只需要用戶在搜索欄中輸入一個關鍵字，系統便會自動生成相關關鍵字列表。

網址：https://lsigraph.com/

SEO 秘技 100 招

5. theanswr.com

這是一間香港的初創公司作製作的搜尋數據整合平台，你可以在網頁上查詢到一些相關的關鍵字，及香港現時最多人談論的話題，非常方便！

網址：https://get.theanswr.com/

LSI 是最年的新趨勢，Google 會以網頁有多少跟某個主題相關的字眼，來判別這個網頁是否屬於某個主題或概念。所以，大家只要把找到的相關字眼，自然地寫入文章內，便可以大大提升排名！

23. 會計妹是如何贏到排名的？

在香港有一間本地公司的 SEO 是做得非常成功，當你搜尋「會計」、「開公司」等字眼，他的公司網址一定會在第一頁，甚至位居第一，他就是「會計妹」。我將會在這篇說一說會計妹是如何在云云眾多會計樓中贏到 SEO 排名，以及他們在 SEO 上所用得最多的技巧。

客戶意圖 (Search Intent)

在先前的文章我也談及過，計劃做 SEO 時，須從客戶的需求及意圖出發，了解客戶找尋會計服務時，他們會輸入甚麼關鍵字？他們的動機及目的是甚麼？從而制訂出合適的網站分頁及 LSI。香港有數幾百間甚至更多的會計樓，而會計妹在 SEO 做得非常成功，是因為在開始時便想到客戶想搜尋的關鍵字，而在頁面上也會有這些關鍵字，向 Google 發出一個明確的訊號：「我就是你要找的網頁啊！」，那麼當人搜尋的時候，你的網頁自然會在第一頁出現。

關鍵字眼

打開會計妹的網頁，你會看到網頁設計非常簡單，而且顏色並不討好，但他們很多關鍵字都是以開公司有關，例如：「一蚊開公司優惠」、「即日開公司優惠」、「一小時開公司優惠」等等，而這些字眼都相當吸引想開公司的人，因為大家都想用最快的時間開公司。有趣的是，雖然他們推出很多優惠，但他們並不會把所有優惠並列在同一頁，而是分成不同的頁面，都為獨立頁面；這些關鍵字在每一個相關頁面都會經常出現，而且在內容上，每一頁也有「一天」、「一小時」等字眼，不斷重覆，從而令到他的 SEO 效果更好。

Backlink（反向連結）

除了關鍵字外，會計妹也建立了相當多的 backlink，而這個則是他們做得最多的技巧。先前我也教過大家如何 Check backlink，而會計妹的 backlink 可以說是相當的多，中港兩地亦有他的連結，而且並非失效網頁，有些甚至有權威性；因此在 SEO 上可以說是發揮成最佳的效果。

　　總括而言，會計妹成功的 SEO 策略包括了挑選迎會客戶需要的關鍵字、制定分頁、建立大量 backlinks。這個例子，證明了 Google 的排名係不看網頁外表的，只看文字內容。SEO 是適合不同行業的宣傳方式，大家可以參考一下會計妹的 SEO 策略。

24. Inbound Marketing vs Outbound Marketing

Inbound marketing 和 Outbound marketing 有什麼分別呢？為什麼傳統的 marketing 會逐漸被人認為沒有效果，而 inbound 卻能夠成功？在這篇文章將會講解 inbound 對 SEO 的影響性及成功關鍵。

Outbound Marketing（干擾客戶）

我們在日常生活中經常接收由不同媒體發出的 Outbound Marketing 廣告，最常見的例子便是街頭問卷、電視廣告、巴士／燈板廣告、觀看影片時忽然插入的廣告等等，這些都是由公司主動發出訊息觸及消費者的行為，以及會打擾你當時的行為，因此大家對於這些類型的廣告可以說是麻目甚至反感，Outbound Marketing 是一種硬性宣傳形式。

Inbound Marketing（吸引客戶）

這是指讓消費者在收集對某事的資訊或尋找解決方法時找到你。例如你發佈出知識性文章、影片、講座、資訊分享、其他人的評論等等。在這個資訊發達的年代，消費者喜歡自己找尋資訊，他們會不斷地尋找及比較。當然，他們尋找相關資料的來源，大多是依靠搜尋器。同時，大部分人都偏向相信 Google 第一頁搜尋結果中推薦的網頁，所以，SEO 在 Inbound Marketing 是重要的一環。

Inbound Marketing 對 SEO 的影響性及成功關鍵

Inbound Marketing 簡單地說是被動形式的手法。但被動並不代表消極，相反在背後必需付出不少時間及心思。其實當你使用 SEO 的技巧時，往往都需要付出不少時間，但是效果卻能持久，而 Inbound Marketing 也是同樣的概念；兩者同時都為被動性，需要瀏覽者／潛在消費者搜尋時才會突顯效果，例如當你想搜尋某一個產品時，他有著吸引你的地方是很多用家評價以及具有說服力的資訊，而這樣的內容便是吸引你的關鍵，讓你產生購買意欲甚至購買，這樣你便成為了透過 Inbound Marketing 的消費者。

Inbound Marketing 其實比想象中更深入，因此當公司運用 Inbound Marketing 的時候必須有詳盡的策劃及想法，可以從小開始做起，而非一步登天。

25. SEO 只在自己公司網站進行嗎？

SEO 只在自己公司網站進行嗎？如果你真的這樣以為，實在是太天真了。SEO 是由客戶在搜索欄搜索時便已經開始競爭，而當搜尋結果顯示後便知道誰是「強者」。因此想要成為強者便需要在客戶搜尋資料時，引導他們找到公司的服務及產品，從而產生購買欲望。這篇文章將會講解 Customer Buying Process (消費者購買過程)。

Customer Buying Process（消費者購買過程）

這個理論在日常生活中是經常會使用的，但大部份人都甚少有意識，因此我們需要先了解消費者的思考和動機從而引導他們購買。

Customer Buying Process 大致上分了五個階段，分別是：Awareness、Interest/Desire、Research、Comparison、Purchase。舉一個例子讓大家更易明白這五個階段。

(Awareness)	最近看電視時，家裡的電視畫質越來越差
(Interest/Desire)	我認為我需要買一部新電視
(Research)	那麼我在購買前一定要做資料搜集，例如型號、大小、解像度等等；還有需要在一些討論區及買賣網看看其他用戶的評價
(Comparison)	搜集完成便需要在不同的電器網站對比價錢及優惠
(Purchase)	作出決定，然後購買

SEO 如何影響 Customer Buying Process

　　SEO 主要在前四大階段做工作，特別是在 Research 方面更加需要著重。當用戶在搜尋所需要的東西時，我們排名越前，便能夠更加吸引他們的目光。在先前的篇章我也說過，大部份用戶只會留意搜尋結果中第一頁的結果，因此，我們需要爬上第一頁，才能夠引導他們留意到公司服務／購買產品。而除了注意自己的網站外，其實一些討論區、Blog、Facebook 等等的平台也必需多加注意；因為社交平台一向是客戶最常使用的意見集中地，而客戶往往都會在這些平台尋找意見，因此這些平台是很幫助我們鎖定客源，間接地讓客戶對公司有興趣而產生購買動機。

　　SEO 看似只需要留意自己的網站，但當你在其他平台時提及到自己公司的服務提供／用後感等，都會無意中讓用戶產生興趣；但由於在五大階段中的決定及購買是最難以影響，因此我們便需要在前四個階段進行狩獵，提高命中率，令客戶一擊即中。

26. 把貨品名稱改為客戶輸入的 Keywords

早前在研究 SEO 時，看到一種很有趣的做法，而這種做法能夠捉摸著客人的心理，透過改變產品名字，大大提升曝光及排名；在這篇我將會分享這種做手法的吸引之處及手法。

貨品名稱轉變

我經常會留意不同網站在 SEO 上的技巧，而這次所說的便是一間網上鮮花店。鮮花店在 SEO 上的競爭可以說是相當激烈的，對手相當地多，因此必需用心經營網頁才能夠使排名屹立於搜尋結果的第一頁。而我看到的這間鮮花店，與別的花店完全與別不同。

不同之處並非是售賣的花種，而是貨品名稱。其他網上花店對於貨品名稱大部份只是普通描述花朵的數量或顏色，例如：「百合花加伴花花束」、「18 枝玫瑰＋襯葉」、「精緻紅玫瑰花束」等等，名字都較為普通，是典型網上花店的做法。當然有些花店會為花束改些較為唯美的名字，例如：「天使翅膀」、「永恆愛意」等等，這些名稱雖然相當吸睛，卻缺乏了關鍵字的元素，在 SEO 上沒有太大幫助。

而我所說的鮮花店，他們會把貨品名牌改為客人輸入的關鍵字，令到客戶在搜尋送花目的時，網址必然會顯示在搜尋結果的第一頁。

貨品名稱轉變 2.0

這間鮮花店在為產品改名字時，特意花心思捉摸客人的心理，從產品名字可以看出他們有研究 Target Customer(目標消費者) 以及潛在消費者的心態。例如花束的名稱會從 16 枝玫瑰花束改為「結婚紀念日冧死老婆 -16 枝玫瑰花束」，18 枝玫瑰又名為：「每月送花比女朋友」，而一些花籃命名為：「小食店開張花籃」、「聯歡晚會酒會慶典花籃」等，從這些名稱可以看出在產品加設關鍵字後，能夠迎合客戶輸入的關鍵字，從而提升排名。

SEO 秘技 100 招

大部份消費者在買花的時候都會說出自己的目的，在搜尋時也不會例外。那麼試想想，當消費者在搜索欄打上：「畢業禮 送花」、「女朋友生日 送花」等等，這間鮮花店也能夠在搜尋結果的第一頁佔得一位，因為網頁關鍵字與搜尋的關鍵字脗合度高，而 Google 理所當然地會推薦。

　　要 SEO 做得好，提升自己網頁的排名是需要相當多的步驟、時間、耐心以及各種優化程序，並非將貨品名稱改變便能夠快速提升排名，這只是其中一個簡單又能夠即時活用的技巧。把貨品名稱加設關鍵字在網上商店其實相當有效，因為網頁上有客戶搜尋的關鍵字是 SEO 成功的第一步，因此若然公司的網頁會提供買賣產品服務的不妨一試。

27. Google 最喜歡甚麼文章？

為提升 SEO 排名，文章的重要性我一直也有提及到需要資訊性及教育性。那麼我們應該以什麼文體發佈呢？不同的公司又如何選擇相應的文體呢？這篇我將會介紹幾款大家最常見，同時效果又顯著的文體，以講解當中的撰寫技巧。

自製 Blog

自製 Blog 的做法在 SEO 中十分常見，但同時能夠較快將文章推向第一頁。首先要買一個 Domain，然後租一個 Server，再將文章發佈。例如公司是租宣傳車為主，那麼便會用比較型式撰寫文章，設立的標題亦會有比較性質，例如：嚴選四大流動廣告車／流動廣告車那種最好？等等，以第三者的角度評論，利用客觀的看法作軟性推銷。

你們一定會產生疑惑，如果我在文章中提及其他公司，不就是令對手增加知名度嗎？我覺得問題不大。在文章中，第一個的一定會是自己公司，再而是其他公司。而提及知名度高的公司是因為能夠沾對手光」，主要是當用戶在搜尋知名度高的公司，一定會顯示自製 Blog 的文章，利用這種手法不但能夠取得較高的排名，而且容易引導讀者對自家公司產生興趣。

那麼為什麼又需要在文章中提及知名度低／不太相關的公司呢？其作用是豐富內容，令內容不太空泛，令文章比較性更強。

以下將會說明最主要的文章內容結構，讓大家作為參考。

 # 比較性文章：
先說出客戶遇到的問題 - 市場上現時的解決方法 - 比較不同的方法 - 優點缺點 - 結論 - 讀者評論
（例如：食肆、產品的功效等等）

 # 真心分享文章：
以第一身客戶角度 - 說出購買前後既經驗 - 指出個人面對既問題 - 尋求服務貨品的過程 - 內心的比較 - 個人的選擇
（例如：激光脫毛、箍牙、剪髮、減肥產品等等）

開箱文章：

內容大致是把最近購買的新試品，尤其是消費電子產品，自包裝盒內逐步地解開封裝，並且以相機或者攝影機詳細記錄，再上傳到網絡

教學文章：

向讀者提供有用資訊 - 先指出客戶遇到的問題 - 所需物料 - 一步一步地詳細說明 - 結論 - 讀者評論

（例如：程式教學、裝修、消滅蟑螂等等）

在撰寫文章前，自身應該要選擇合適的題材，而非盲目所有題材全寫，而相應的題材不但能夠令文章有吸引力，而且在 SEO 上也會有影響力。

28. 內容對於 SEO 的重要性

我經常說內容對於 SEO 是十分重要，第一，豐富的內容能夠令網頁帶有資訊性、吸引人流而且提升排名；最重要的是能夠在自己的行業成為「霸王」。試想想自己是瀏覽者，也會選擇排名前三的網頁而非其他，這樣的心理十分普遍，因為大家都認為 Google 的搜尋結果顯示較前的網頁都是有實力的公司。

「內容」

內容必須為高質量，有用的訊息。簡單舉一個例子讓你們明白空泛與高質的分別。

A：　本公司主打裝修服務，有意查詢。

B：　本公司在裝修方面有多年經驗，多達數百位專業師傅，更設立「項目管理團隊」，為客戶裝修疑難、分析報價、監察裝修工程進度及驗收等等，歡迎大家查詢，免費報價。

若然你是消費者，你會選擇 A ／ B ？理所當然地選擇 B 吧？即使是短短兩句，但表達出公司的大致服務，公信力也比較大；然而 A 卻十分空泛，難以得知裝修服務的形式及內容，這便是空泛與有價值訊息的分別。

內容無論是以圖片、影片、影音、文字必須上下文通理且貫徹，能夠令瀏覽者閱讀內容時能夠輕易接收資訊，而非產生疑惑。我們的網頁必須有「解決問題」的作用，而非「產生問題」，產生問題的是瀏覽者，並非我們，正因為他們有疑惑／問題，才需要搜尋，因此我們的內容必須為瀏覽者提供他們想要的答案。

優化「內容」

要將內容變得有價值的主要原因便是在搜尋結果中得到排名。內容必須對於瀏覽用戶有相關性以及價值，而且是以受眾為中心，以用戶作為目標，而非自己網頁本身。除了自己主要的消費者外，也必須為潛在消費者及訪客著想；例如我的網頁提供不同種類的網上營銷課程，而為了潛在消費者及訪客，我必須在網頁中提及什麼

是 SEO，SEO 的好處等等，讓他們能夠吸收資訊從而有報名的動機；而非純粹只列出報名的細節，而這樣的資訊能夠令 Google 明白與 SEO 有相關性，便能有效地提升網頁排名。

豐富的內容並非一朝一夕便能夠成功，基本的步驟需要關鍵字確立主題、發出核心內容、使用不同的研究工具、避免氾濫性關鍵字等等，這些技巧對於 SEO 實為基本。

29. SEO 要做多久？

　　不少學員在上課前也會問我 SEO 要做多久？需要很長時間嗎？用錢買廣告的話能否快速提升？是永久屹立在搜尋結果上嗎？我希望大家明白，當你開始了 SEO 的工序，便是持久戰的開始，而且相當有競爭性；所有成功屹立於第一頁的網頁都是經過時間的沉殿。

神秘的 SEO 時間？

　　SEO 是充滿變數的，因此要做多久 SEO 是完全沒有確實的答案。除了需要優化網站的內容外，還必須評估競爭對手，所有情況也會有變化，因此 SEO 的時間難以給予一個具體時間，只能夠說是「視情況而定」。最快也要三個月見效，如果對手很強的話，需時更長。

能夠影響時間嗎？

　　不能夠說是影響，但有三個具體的標準能在 SEO 的時間起著重要的作用，分別是：競爭，Inbound Link(外部連結) 和內容。

競爭：

所謂的競爭便是在同業中會否有很多相同性質的網站。例如我之前提及的教學電子白板公司，因為在香港市場不大，因此很快便能夠升上第一頁。但若然是經紀／會計公司便相當有競爭性，因為在香港這兩種公司也相當的多，所以 SEO 所需的時間便較難預計。難度和所需時間是成正比的，難度越低，所需時間便越短；難度越高，所需時間做越長。

Inbound Link(外部連結)：

連結對於 SEO 的優化發揮著極大的作用，更多的連結能夠更快實現 SEO 的成功，但「重量」也而需要「重質」。低質的連結不但對排名沒有幫助，而且也會降低排名，減慢排名速度；反之相關性高質量的連結能夠對 SEO 有莫大的幫助。

SEO 秘技 100 招

內容：

發佈的內容對於 SEO 的時間也起著重要的作用，畢竟是關於質量的問題。每一篇的內容必須符合主題，而且必須能夠令瀏覽者在短時間內解決他們所需問題。若字數過多，毫無重點，又充斥氾濫的關鍵字便會影響他們的體驗，也會令到 Google 認為是垃圾訊息，從而損害排名。所以高質的內容對於網站及用戶存有緊密的關係，能夠令用戶頻繁地點擊網站索取資訊，從而提高排名。

SEO 的時間長短無人能夠準確預測，即使是專業人員也難以告訴你確實時間；每個網頁的排名也會根據以上三個基本標準以及其他各種因素而產生變化，有些會較快見到效果，有些則需要較長時間，無人能夠斷定；但是，我們能夠利用時間推動 SEO 的排名，把網頁設計完善，即使需要長時間也必需堅持，這樣才會成功。

30. 為何要定期更新網頁？

在 SEO 上，網頁上的每一個行為都很重要，而更新網頁在提供新資訊及有用的信息給予用戶同時，亦是兩者之間的互動。以下我將會講解為何要定期更新網站。

1. 新鮮的內容能夠帶來頻繁的索引

當你更新內容的頻率越高，搜尋引擎訪問你的網站頻率便會越高。這是什麼意思呢？搜尋引擎會使用 Web Crawlers(網絡爬蟲) 掃描所有互聯網上的網站，再根據一些因素對站點進行索引，而其中一個因素便是網站更新頻率；每次更新網站時，搜尋引擎也會重新排列網站的排名。換言之，若想令網站獲得更高排名的機會，便需要經常更新內容，而高質量的內容才能夠令搜尋引擎給予高評分。

2. Google 喜歡的……？

Google 對於網頁上的各種高質量事情也很喜歡，而頻繁更新網頁便是其中一個要點。並非需要你每個小時做修改／添加，但每月至少更新兩至三次是必需的。而高價值的內容往往都會被加到 Google 的索引，證明最重要的是更新這過程中的文章／圖片甚至文字都需要有新鮮感，從而吸引 Google 幫助網站提高排名。

3. 關鍵字又來了

每次添加一篇新的文章，理所當然在內容上也會添加關鍵字。而有價值的關鍵字能夠將文章優化，從而吸引用戶點擊。只需要記住關鍵字插入必需自然，而非氾濫關鍵字的垃圾內容，而是提供高質量信息。

4. 增加權威潛力

每當更新網站時發佈與你所在行業的相關信息越多，價值越高的內容，網站便越有機會獲得更大的權威，因為 Google 是以網站的飽和度來衡量相關性，所以可靠及有用的資訊能夠成為深度的網站。試想想，網站變得權威性不但能夠吸引更多消費者，有些甚至會變成忠誠的消費者，而且在排名方面也會上升。

5. 與人保持互動

　　提供新的內容最大的意義是為了讓瀏覽者能夠獲得有用資訊，而當他們接收而滿意該資訊便會轉成客戶，而這樣的過程往往也是我們最希望的結果。瀏覽者的決定以及行為都能夠改變你的排名，「點擊」這一小動作在排名上也會有浮動；因此保持更新有價值的內容也是與他們保持互動。

　　其實網站就像一個人，當你每更新一次都會與訪客／瀏覽者／消費者甚至和 Google 在互動中發揮作用；正如人一樣，每當你吸收新的資訊時便是新一次，然後便會將新資訊應用在日常生活。反之，人不吸收新資訊會變得沉悶，無趣；而網站也同樣，靜態的網站沒有新東西提供會被搜尋引擎認為是「死物」，而逐漸遺忘。因此定期更新網頁不但能夠讓 Google 記得你，而且也利於 SEO。

31. 為何平台網站一定能取得較高的排名？

　　平台網站在每個行業裡是十分常見的，例如：補習平台、裝修師傅平台、模特兒平台等等，可以看見在網頁裡滙集了不少同一行業的公司資訊以及圖片。而這篇我將會講解為何平台網站對比於一般公司網站能夠取得較高的排名，而且能夠屹立不倒一直位居於搜尋結果首頁。

　　簡單來說，平台網站之所以能夠取得高排名是因為把大量同類的資料放進網頁，又擁有豐富的圖片，「裝飾」出網站內容的飽和感很滿，以致令到關鍵字的密度很強。

　　以香港司儀網作為例子，這個平台滙集了各式各樣的司儀，當你進入後能夠自助式選擇司儀聯絡得以報價；與自己經營的網站相比，平台網站是集合不同的人物及資料，並非只集中於某一個領域的司儀。例如在司儀平台網站可以尋找：婚禮主持、活動主持、開幕禮主持等等，相反個人網站則只有個人領域，而且資料也只有自己的圖片及經驗，相比於平台是較為遜色的。

　　另外，司儀網在關鍵字方面的連繫性十分緊密，例如在首頁裡基本上每一句也會有「司儀」兩字，再加上網站是採取 One Page Design，所以當整個頁面都充滿關鍵字的時候，Google 便會有所意識地將排名升高，以致位居首位。

　　其實有不少平台大家在日常生活中也一定會經常使用。例如：淘寶。淘寶是一種購物平台，雖然與香港司儀網性質不一，但亦是平台的一種；滙集著不少商鋪，而且絕對擁有豐富的圖片及影片，甚至是評價；這些都是令他成為霸主的原因。在內容方面，相關性的資訊可以說是提供給客戶不少訊息，所以才能夠累積數以萬計的「忠實顧客」。

SEO 秘技 100 招

　　若然平台的排名那麼高，那麼我自己設計網站有什麼用？在平台註冊不是會更好嗎？

　　平台網站雖然高排名，但是很多事情都並非由自己經手，客戶在第一時間聯絡的不會是你本人，而是由其他人接手再轉接給你，因此若然想自己包攬所有工作，設計自家網頁再一步步提升排名，不是會更好嗎？

32. SSL 的重要性

SSL(Secure Sockets Layer) 是安全接層，用於在互聯網上的提供安全和私隱的保障。透過使用加密、認證和對話方塊密碼匙保持傳送渠道的安全和整體性。而這個 SSL 即是網址最前端的那把鎖匙。

為了用戶實現高級安全連接，Google 在 2014 年宣佈 HTTPS 作為排名信號，即是有著 HTTPS 的網頁都會被排名較高，而沒有 SSL 的網頁 (HTTP) 則會較低，因為缺乏安全性及難以保護消費者的隱私。

那麼 SSL 真的那麼重要嗎？

是的，它在網絡安全系統以及 SEO 裡也是存著相當重要的角色。HTTPS 的主要好處是當用戶與你在共享個人數據的頁面上為用戶提供了安全連接，而安全連接能夠為客戶帶來額外的保障；比如當用戶／消費者在分享寶貴的信息時 (信用卡資料／個人聯絡資料等等)，HTTPS 能夠保護用戶資料不容易被洩露甚至盜取。

很多人認為 SSL 只適用於電子商店 Online Shop，而且只需要安於付款頁面即可。事實並非如此，基本上所有網站也應該安裝 SSL，對 SEO 有著很大的正面幫助，同時能夠保護網頁防止不法之徒竊取網頁的資料甚至入侵系統。因此，當 SSL 證書安裝在伺服器後，SSL 便會將域名 Domain、公司名稱和位置綁定，作為掛鎖運行，防止有人攻擊網頁。

我原本是使用 HTTP 的，若然切換到 HTTPS，網頁所有的數據會完整嗎？

　　會的，所有數據保持不變。而且改用 HTTPS 後，你在搜尋結果中的排名也會因此而上升。而 SSL 其實有分免費以及付費購買兩種。理所當然地付款購買的必定會比免費強，但這也不證明免費的 SSL 很差；我認為需要視乎網頁的規模而選擇免費還是付費以及你個人對於網頁的執著。其實一個 SSL 的證書一年約為＄200-＄1000，價錢合理而且會受到保障。

　　SSL 認證是為你網頁提供安全保障，同時增強用戶的體驗及建立良好信任。

33. Mc Jack 是如何贏到排名？

在我做 SEO 的期間，經常研究其他人的 SEO 手法，MC Jack 是其中一位，他做的 SEO 可以說是在他的行業中屬於數一數二，以下我會講解他如何成功取得排名。

Mc Jack 是一名婚宴司儀，而他的網站名稱是：首席婚宴司儀 Wedding Mc Jack。從他的網站名稱可以看出他花心思設計網站以提升排名；網站名稱使用中英兩體語言的關鍵字，網站內基本上把 SEO 所有的技巧貫徹運用，令到他在同業中的 SEO 取得高排名。

在婚禮司儀的搜尋結果中，Mc Jack 排名位居前三，主要是因為他的網頁首頁設計得宜，外部及內部優化完善。點擊網頁後，會看見首頁上經常出現婚宴／婚禮／MC 等字眼，例如他在右邊的 Banner 位置加設了 Bullet Point（要點）列出服務範圍，這個做法在用字上不需要過多描述，只需列明重點，簡潔清晰。

此外，Mc Jack 在埋放關鍵字同時與內容巧妙結合，在句子裡也適當運用關鍵字，內容不累贅又能在 SEO 上有所效力。高度沒意義重覆使用關鍵字會被搜尋引擎判定為無效的垃圾訊息，甚至拉低關鍵字搜尋排名，可見他在文字上控制自如。

除了在服務範圍上出現關鍵字，在首頁的評語裡，也出現頻密；他特意在首頁加插眾多評語，讓客戶能夠看到好評外，對於 SEO 來說也十分有幫助。評語能夠為 Google 提供評分及評價的數據，向 Google 證明網頁的可信性。

在 Mc Jack 的網頁裡，我最欣賞的是嵌入的影片。

在先前的《影片 SEO 優化技巧》及《活用 YouTube 提升排名》篇章中提及過在網頁上嵌入 YouTube 的影片能夠有效地影響 SEO 排名，而 Mc Jack 在首頁上正正用了這個方法。我經常性地說 Google 對於影片十分著迷，將影片上傳到 Youtube 再將影片嵌入網頁能夠令網頁有認受性，加上他的網頁裡影片數量眾多，將影片剪成多段，大幅優化使用者體驗；相較於長篇文字敘述，影片更能讓用戶快速獲得資訊，可以看出他的用心。

S E O 秘 技 1 0 0 招

34. 下載網頁的速度 絕對會影響 SEO 排名

你們有沒有想過下載網頁頁面的速度會影響 SEO 排名？影響排名的因素往往都從小細節開始，頁面速度便是其中一個，而且還會影響 Google 獲取網站的資訊量。

頁面的速度

當瀏覽者點擊網站後，頁面加載的快與慢影響著瀏覽者的去向。試想想如果你點擊一個網站後但加載時間超過 10 秒或以上，相信已經令你煩躁不已；根據研究指出，下載網頁的時間需要少過 3 秒才能夠令瀏覽者留在網頁，特別是對於用手提電話上網的人。利用行動裝置上網的人越來越多，因為能夠隨時隨地上網而且方便快捷，可以想像若加載時間太長，瀏覽者定會反感，而且不會再回訪網站；轉換率、跳出率定會受到影響，SEO 更是。

頁面速度變慢

設計網頁時，往往希望所有重點都必需要放大，而且圖片要大，品質要高，以致降低頁面速度。實際上，很多人在設計網頁時會忽略「壓縮」這個動作，未壓縮的圖片會在網頁上佔取大量流量及空間，頁面存有大量的媒體便會導致速度降低同時令 Google 難以從網頁獲取資料。Google 每天從網頁上拿取數據，為整理搜尋結果；但它們其實有固定時間及資源獲取資料，即是說明著若然頁面過慢，資料難以索取，網站會被定為「劣質網頁」。

如何解決？

從最簡單的細節入手，便是先壓縮圖片。

壓縮圖片而不影響圖片像素及大小我推薦使用：https://tinypng.com。這個網站在先前的優化技巧也有提及，事實上也是廣為人知而效果最好的壓縮圖片網站。

如何解決？ 2.0

Google Page Speed：

https://developers.google.com/speed/pagespeed/
insights/，Google Page Speed 是大家在優化網站速度時必
用的工具，介面簡單且方便操作，新手也能夠容易掌握。當你
在工具上輸入你的網站後，便能夠看見 Google 為你分析後的
情況，例如：圖片壓縮、伺服器回應時間、CSS 等等，透過
工具能夠快速檢測問題所在，而且 Google 也會給予建議讓你
改善需要的地方，甚至電腦版與行動版的結果也能夠顯示，是
SEO 的必備檢測工具。

SEO 的排名從細節中便已經一直計算著，因此必須留意各種小
地方才能夠提升排名。

35. Outbound links 原來有助提高排名

在自己的網站裡，除了使用 Backlink 外，利用 Outbound Links（導出連結）也能夠增加 SEO 排名，而且適當的使用更能為自己的網頁增加權威性，增強內容的說服力！

Outbound Links（導出連結）

從你的網站指向其他網站的連結。例如我的網站是申請政府的各種資助顧問，那麼我便會加入政府資助的導出連結，令到內容加以認受性及說服力，而當瀏覽者點擊後，網站能夠為他提供更多相關的資訊，便會增加對網站的忠誠度，亦會吸納更多用戶訪客。

不眨值的網站

高質素的網站必定會有 Outbound Links，因為大家都知道連結到權威性及認受性高的網站能夠有助向 Google 發出信任的信號，同時使用連結的頁面內容作為相關性的連繫，增加曝光率。利用 Outbound Links 能夠為搜尋引擎帶出一個清晰的信息，與擁有相同信息的人建立關係，特別在 Blog 上起著極大的作用。

Outbound Links 的注意

雖然 Outbound Links 能夠帶來利處，但同時若不當使用便會影響 SEO 的排名，甚至令到網站損壞，以下是使用 Outbound Links 時應該注意的事項。

1. 避免過多 Outbound Links

實際上所有連結也應該適可而止地使用，避免過多；從瀏覽者的角度來看，連結太多會做成反效果，用戶體驗好感度會降低。謹慎地選擇相關性較高的網站，才能夠令網頁出眾。

2. 連接相關網站

大家或會認為在自己的內容上添加其他人的網站是搶走用戶，然而當你從你的網站連接到相關網站時，基本上是通知 Google 更多內容要點或更新，代表著內容豐富。

SEO 秘技 100 招

3. 小心「農場連結」

小心避免雙向反向連結，必須為有效連結而且不能夠為私人網頁；若然長期使用則會被 Google 視為作弊網頁，甚至對網站的友好性及權威性作出惡劣判斷，對排名帶來負面影響。

4. 連接那個網站？

想為自己的文章提供一個參考或解釋，儘量選擇一些新聞報導能夠真正增加價值和涵蓋主題；選擇一些較多受訪者瀏覽的 Blog 或轉貼量較多的文章，具有良好頁面權限而且在社交媒體上也會有著連繫；需要小心的是分辨網站內容的真實性，以免虛假資訊令到排名降低。

小 TIPS：

可以嘗試在 Google 搜索欄中輸入："related:(your Domain name).com"來查看相關網站連接，若然在檢查過程中發現一些垃圾連結有相關性，便需要移除了。

36. E-A-T 是甚麼？

E(Expertise)，A(Authority)，T(Trust)

　　E-A-T(Expertise)，A(Authority)，T(Trust) 大家可能是第一次在 Google 上聽到這個術名，但這三個正正是 SEO 的三大最高元素，而且 Google 對於 E-A-T 的評分準則相當高，畢竟，是說明著質量的問題。

E(Expertise) 專業性

　　在網頁的內容上，都需要具備專業的知識及意見，而非只靠個人的說法，才能夠為內容帶出真實性及專業性。舉例來說，我的網站是關於 SEO 的教程，我個人需要提及我擁有多年研究 SEO 經驗，令我的教程除了運用自己的知識外，還會引用外國專業的數據及研究去支持我的論點令大家明白利用專業知識解決問題，而非憑空白造。

A(Authority) 權威性

　　權威性與專業性不同之處在於發表任何意見時，大家會偏向相信你，更樂意接收你的資訊大於其他人。例如一名皮膚科醫生和一名美妝達人分享清潔皮膚的文章，我們是一定會選擇皮膚科醫生的，醫生有著權威性，在皮膚科的領域相當了解，因此文章必定具有真實的准確性。那麼一篇具有學術性／教學的文章或影片不斷被引用和轉發也會有權威性嗎？會的。前提是必須成為廣泛的內容，而且得到專家的一致意見及支持，畢竟高質量的內容才能夠認受。

T(Trust) 可信性

　　在網站上最為容易得知的便是 SSL 認證以及內容的質素是否具有專業性以及可靠，而作者方面便需要得知他的背景、經歷、公眾評價等等，從多方面檢測可信程度；而我自己檢測對於網站／店鋪的可信性時，必定會在 Google 上尋找該網站／店鋪的其他資料，很多時候便會看見很多評論都在第一頁，而透過這些資料，至少有著參考價值，能夠得知該網站可信程度高或低。

對於 Google 來說，E-A-T 在 SEO 是為最高準則，而當滿足這三大條件便能夠在 SEO 再度昇華，而我們在撰寫內容時必須不斷使用正確的 E-A-T 觀念，輸入正確的內容與資訊，保證著自己網站的質量，同時改善排名。

37. 什麼是搜尋意圖 (Search Intent)？

搜尋意圖和目標關鍵字有著重大的關係，因為我們必需考慮「為什麼瀏覽者搜尋這個字眼？他們是想要問什麼問題？還是想要答案？已經有一個明確的目標網站還是隨便看看？」而我們便需要透過文章內容讓網站頁面符合搜尋意圖 (Search Intent)，進而獲得高排名。

那麼該如何入手呢？又該如何優化搜尋意圖呢？以下將介紹 4 種方法讓大家參考。

1. 資訊性

所謂資訊性便是大家也有明確的目標及關鍵字。例如大家會在搜索欄中輸入：XX 天氣、中學排名、平價餐廳等等，而根據不同的網頁，大家也需要有一些明確的資訊提供，而非需要瀏覽者不斷搜尋。

2. 問答性

利用問題而尋找答案，關鍵字眼諸如：「如何」、「為什麼」、「怎辦」等等，因此在文章標題中加插這類型的問答句形式，能夠提升你文章的曝光率。

3. Landing Page 著陸頁

設計一個良好的 Landing Page 能夠令瀏覽者有意想停留在網站，從而有消費動機。一個好的 Landing Page 需要確保登錄頁面能夠符合受眾的搜尋意圖，如果人們純粹搜尋資料，便不要彈出產品頁面；而當人們欲購買產品時，同時不要彈出長篇大論，令到客戶感到反感。優化產品頁面能夠獲得更多消費者，因此用戶體驗是相當重要的。舉一個例子：例如買家具用品，優化產品頁面令到頁面可以清楚看到不同家具的 Size、顏色選擇甚至木材，而且可以加一些關於家具用品清潔的文章，令到頁面變得吸引；而將頁面變得更符合使用者體驗，將轉化率提到到更高一層。

4. Call To Action

　　Call To Action 是所有商家都會運用的策略，提升各個層面令到用戶及潛在消費者產生意欲甚至購買。而當吸引瀏覽者進入網站後，便需要有明確的指示令到他們有實際行動。所謂明確指示並非不斷彈出廣告甚至優惠讓他們點擊，而是一些按鈕必須清晰顯示在版面；例如：購物車、收藏夾、立即購買等等，甚至加一些最新優惠的按鈕能夠讓他們隨時隨地有購買的動機。

　　優化 Search Intent 主要令瀏覽者、訪客、潛在消費者能夠在眾多搜尋結果中選擇你的網站，從而提升排名，令到生意有所增長，在 SEO 也會獲得成功的回報。

38. 如何降低跳出率與提高頁面停留率？

很多同學跟我說很多用戶在他們的網站停留很少時間，很快便會退出，但網頁明明有很多資訊而且內容豐富，但當我檢視他們的網站時，我便知道他們的問題並非出現在內容，而是出現在最為顯眼的地方。以下我將有幾個小建議給大家，讓大家明白即使內容豐富大量資訊也必需留意一些小地方。

1. 發佈長篇幅內容豐富的文章

是的，長篇的文章是可以提高頁面停留率，這是理所當然的事，因為大家都會用一定的時間閱讀文章；但長篇的文章並非可以代表空泛沒有內容而且只有前尾的兩部份有資訊，而是整篇內容也能夠提供資訊給訪客。例如一篇減肥文章，不能夠只用短短 300 字說如何減肥，因為一定很少資訊能夠帶出，而變成毫無用處的文章。把文章字數上升至千字，把減肥的運動、飲食、習慣等等列出才能夠吸引訪客停留在網頁觀看甚至收藏。

「太多字不怕嚇跑人嗎？」不怕。容我大膽的說句，長篇的文章往往能夠成為收藏是因為提供各種資訊，而瀏覽者可單靠一篇文章納取資料時，便不會有意欲尋找別的文章。長篇的文章比短篇更有說服力，更有理據；換著是你，相信你也會選擇一篇長的減肥文章大於短篇的吧？

2. 章節的重要性

長篇的內容必須要有章節，而這個小細節便是很多同學也會忽略的地方。章節能夠簡單指劃出每部份內容的重點，能夠令瀏覽者方便查閱而不需要花費時間地將整篇文章看完。例如減肥的文章，可以將章節分為：「低脂健康飲食」，「運動的步驟」，「從生活習慣著手減肥」等等，將章節分成不同的部份同時命名重點，那麼用戶也會閱讀得較為輕鬆，而且好感度也會大增。

SEO 秘技 100 招

3. 將內容的中心思想放置最前

　　並不是叫你不以上文下理地撰寫文章，而是把重點先發制人，讓用戶能夠即時清楚文章中心思想。例如我每一篇的 SEO 教學在開首也會有簡單的敍述介紹，以 4 至 5% 句道出以下的整篇文章的大致內容，令讀者能夠理清文章的概括從而在閱讀後能夠吸收有用的資訊。試把自己代入用戶的角色，當你點擊文章後，除了標題還會留意什麼？理所當然的是留意第一段落，大部份人也會從第一段決定去向，因此把第一段寫好，讀者停留的機率才會較大，減少流失。

　　其實跳出率是相當影響 SEO 的，因為這簡接性地說明網站並不吸引，留不住訪客甚至沒有消費者，這樣排名自然下降；因此從小地方著手提高頁面停留率，讓 Google 明白你的吸引力。

SEO 秘技 100 招

39. 如何避免過度 SEO 優化

當我們掌握了 SEO 不同技巧時，往往會想把所有技巧運用在設計網站，這樣的確是一件好事；但很多時候在設計網頁時也會有個弊病，大家會在不知不覺間將優化的技巧不斷增多，務求令到排名上升，然而這樣的做法卻會造成反效果，不但破壞了網站的排名能力，甚至網站內容也會被認成「劣質」。

過度優化 Over-optimization

以前 Google 還是初代時，用大量關鍵字填滿網站內容絕對能夠上升排名，但現在做這樣的行為一定會令到自己得不償失，如自殺一樣。雖然這兩個行為在現今無法得到排名上升，但你認為自己沒有做出這兩項行為便是沒有過度優化便大錯特錯了！SEO 一直處於發展狀態，過度優化現在不僅僅只限於關鍵字填充，而是從不同的技巧也會有機會被視為過度優化，而以下 5 個迹像正正是表示這個現象，來看看你有沒有過度優化你的網站吧。

1. 內部連結的關鍵字過於豐富

這個疏漏可以說是最容易忽略而且在無意間會多做的行為。

例如：《查看更多 SAMSUNG 手機配件請點擊》

內部連結關鍵字：(example.com/awesome-mobliedevices/samsung-accessories.htm)

大家可能會認為沒有什麼問題，當然沒太大問題，因為我們說的是「過度」，言下之意即是偶然與 URL 完全匹配的關鍵字能夠帶來積極影響，但過於頻繁使用便會破壞連接配置文件，從而破壞 SEO。因此盡量將文字分散到一個句子片段，而非集中全部。

2. 無關的關鍵字

不要試圖將無關的關鍵字插入你的網站內容而獲得流量。例如你的網站是關於花店的，便不要插入寵物的關鍵字，因為當 Google 索引網站時，會考慮你在整個網站中使用的所有關鍵字，再根據數據而進行排序，因此太多不相關的內容或關鍵字會降低網站在 SERPs 中的整體實力。

3. 將所有內部或外部連結指向頂級導航頁面

當設計網頁時，因為需要創建大量連結連接到主頁或主頁導航（如：聯系我們，關於我們，我們的服務）等等，便會出現過度優化的問題。實際上當創建內部連結時，不需要將連接指向這些頁面，因為這些頁面原本也獲得大量連接，倒不如通過指向深層的內部連接，反而更好。

4. 在一個頁面上使用多個 H1

H1 標題用於頁面的主標題，而使用多個 H1 標題便是過度優化，而且 H1 只有一個，你可以使用多個 H2s，3s，4s，但不要以為全部用 H1 標示便能夠突出。

5. 連接到有毒的網站

開通網頁後，想將網頁更多人知道，便是通過連接到其他網站來贏得互相連結，然而新手很常會連接到有毒網站，因此小心不要將自己網站連接去 low-DA 的網站，而是專注良好聲譽的網站。

常言道「物極必及」，因此所有優化技巧也是適可而止，以免過度優化令到排名下降。

SEO 秘技 100 招

40. 怎樣在 WIKIPEDIA 加入連結？

　　相信大家也不陌生利用 Backlinks 的技巧提高 Google 排名，有沒有想過在維基百科 (WIKIPEDIA) 加入連結？相信各位忽略了這個重點吧？其實在維基百科裡加入連結是許多追求高排名網站的重要任務，而我將會教大家如何在維基百科加入連結而令自己的網站提高排名外，還可以增加權威性。

維基百科 (WIKIPEDIA)

　　雖然自身網站的連結相當重要，但是在其他權重較高的網站增加連結，對於 SEO 也是十分有利的；而維基百科便是一個好例子。它在網絡上的地位十分高，在正常情況下，絕大部份的關鍵字搜尋，它也會排名居首，而這樣足足證明了它在 E-A-T 上是得到幾乎滿分的程度才能夠對 Google 造成影響力，以致它成為 SERPs 的「重要人物」。

　　其實，要在維基百科加入連結的難度不高，但必須確保內容是 100% 的事實，以下我將以「瑜伽」作為例子，讓大家能夠更易明白該如何在維基百科的參考資料連結取得一席。

第一步：　在維基百科選擇一個與自己行業相關的題目，以瑜伽為例子

第二步：　仔細閱讀該頁面的條目的不足地方

第三步：　寫一篇條目不足的資料。例如條目中只有古代瑜伽時的知識，並未有新型瑜伽的講解，那麼我便以這個不足之處撰寫一篇文章，如說出新式瑜伽與古代瑜伽的對比

第四步：　把文章放在自己的網站

第五步：　最後在維基百科的參考資料加插文章的網址，便能夠在維基建立外部連結

這五個步驟看起來十分容易，但在內容方面有幾樣事情必須注意。

1. 所有資料必須為事實及準確
2. 內容需要客觀中肯而且帶資訊性
3. 不能夠有虛構不實的內容
4. 絕對不能夠有廣告成份
5. 編寫後雖然可以自行修改，但內容必須真實

在維基加入連結其實是白帽 SEO 的一種技巧，而一但建立好連結，將額外產生其它網站有機會參考引用你的頁面文章，便能夠令網站排名提升，亦能夠無限量地增加權威連結進而帶來更多的流量，網頁權威力上升，SEO 的優化自然更好。

41. 黑帽、灰帽、白帽 SEO

白帽 SEO：利用長時間的 SEO 優化技巧來提高排名。

接觸 SEO 後便會知道想要獲得穩定的高排名是極度需要時間及耐心的操作，而且在設計網頁期間還需要不斷改進、修改、更新，讓 Google 知道並非是「死網頁」。白帽 SEO 是需要長期的投資，利用正確而且不作弊的手段在網站內容、網站內部和外部連結、網域名稱、網站結構不斷優化，才能夠令網站得到好的流量和排名；因此當你在搜索欄中輸入關鍵字時，很多大公司也必定在第一頁，因為大家明白公司要有長遠的利益發展便需要利用白帽 SEO。要令到公司存於第一頁的搜尋結果中並非易事，因為每個行業也會有相當大的競爭，對手同時亦會不斷進步及改進，因此在 SEO 中，想要得到高排名必須要有長時間的心機，而堅持直到最後的人便是大贏家。

灰帽 SEO：白與黑兩者之間的優化技巧。

與白帽 SEO 不同的是，灰帽 SEO 必定會汲取黑帽 SEO 的一些作弊手段。但這樣兩者融合的手法是否完美？並不。利用灰帽 SEO 時，操作不當便會慢慢偏向黑帽 SEO 的做法，以至令到網頁成為作弊網頁，變成劣質。

那麼什麼是灰帽行為呢？舉一個例子，關鍵字的分佈。關鍵字在 SEO 是為相當重要的角色，因此在設計網頁時經常提及以提高關鍵字密度。若然我是買衣服的商店，在商品分類中加插我的店名，那麼便是灰帽行為。因為這是不必要的加插，毫無意義而且是不需要的，而這樣的做法便是適得其反了。

凡事並沒有快捷手段能夠一步登天，即使灰帽 SEO 有著白帽 SEO 的正確，但同時也有黑帽 SEO 的作弊快捷技巧，若然在修改網頁中稍有差次，造成網頁的不協調，便會降低排名，所以操作灰帽 SEO 時便必需十分小心，以免令到自己偏向黑帽。

黑帽 SEO：完全作弊。

與白帽 SEO 完全相反。黑帽 SEO 會透過所有不正當的手段而提升網站排名，例如利用垃圾連結製作反向連結 (Backlinks) 的假象、內容抄襲、關鍵字充塞、惡意的入口頁面 (例如當你點擊討論區的旅遊台時，會彈出其他網頁) 等等，全部被視為作弊手法，而這些做法往往都會被 Google 認為是垃圾網頁。那麼為什麼有些網頁依然沿用呢？因為他們只想在短期時間獲得利益，並非為長期；而且這些網頁並不會在乎用戶體驗，只希望能夠汲取使用者進入點擊廣告而獲得收益效果，因此黑帽 SEO 令 Google 十分厭惡。

要明白提升高排名並非一件易事，以我個人看法來說，希望大家在設計網頁時利用白帽 SEO 操作，這樣才能夠令排名穩定而不會不斷浮動。

42. 重覆內容時會有懲罰嗎？

在 SEO 中，我們常常最怕的便是與其他人重覆內容，但很多時候總會有些內容較為相似，即時文字方式不同，但內容的意思也大致相同，這樣的情況也是很難避免的。那麼重覆內容會有懲罰嗎？不會。絕對不會。

為什麼不會有懲罰？

我能夠如此肯定是因為 Google 的 Partner Development Manager - Andrey Lipattsev 在 Google 的 Q&A 問答影片中非常肯定地指出 Google 對於重覆內容不會給予懲罰。懲罰是指排名會被下降，但 Google 指出不會因為根據頁面的重覆性而降低排名；讓我舉個例子讓大家容易明白一點吧！常常看到不同的網絡媒體會發佈一些旅遊攻略或入境需知等等，而這些內容很大程度上也是與入境事務處發出的通知／原有的內容一樣，但他們的排名依然在首頁的搜尋結果中，道理很簡單，因為文章內容即使有相同性質，但是網絡媒體依然會在文章內容加插不同的提醒事項，而至令到文章不沉悶而且符合他們原有風格，而內裡的內容只是有重覆，並非「抄襲」，因此排名不會被下降。

那麼我複製文章貼上自己的網頁，也是完全沒影響嗎？

請留意，「重覆」並不代表「複製」。所謂重覆只是一些內容必須特定而無法改變，而複製就如「農場文章」一樣，即為抄襲；而當你抄襲一篇文章後，排名是必然會下降的，因為 Google 並不希望這類型的複製文章排名會高於更具有權威價值的文章之上，在 SERPs 中也會被無視，不會顯示在首面。

何為重覆？

Google 對於重覆有分為「最小差異的重覆」以及「完整匹配或非常相似的重覆」

「最小差異的重覆」：

即是其中一些句子或詞彙有被經過替換修改，而完整匹配即是「複製」。最小差異即為你所發佈的內容必定有些是特定的相同；例如在眾多 SEO 教學中，必然有一些特定的規條及操作，而這些我們是無法改變的，因此內容必會有些一樣，但是每篇內容總會有不同的意見及看法，這些都具有價值及獨特性，Google 會因應程度給予獎勵的。

「完整匹配或非常相似的重覆」：

即是「複製」。Google 並不會說懲罰，但是完全重覆內容並沒有任何意義及任何價值，Google 對於文章的評分自然會低；因此當一些網站發佈他們獨有的文章，重覆文章便會被推向後頁。

Google 對於文章一向追求獨特性、價值性、相關性，而過量重覆內容便會被降低權威性，被視為「垃圾文章」，即使說明對於重覆內容不會受到懲罰，但是重覆內容時必須衡量其中的內容，並非完全利用，這樣的做法能夠令 Google 更能識別你的網站。

43. 子網域 vs 子目錄：哪一個更有利於SEO排名？

對於子網域 (Sub Domain) 和子目錄 (Folder)，大家必定會疑惑該兩者融合還是各選其一呢？還是根本無須使用呢？而兩者的做法在 SEO 中其實存有相當大的爭議性，而很多人也會各持己見，包括我本人。那麼究竟該如何選取呢？

取決於你自己

實際上子網域和子目錄取決於你個人的網站的需求及配置，無須跟隨其他人的想法。根據 Google Webmaster Trends Analyst, John Mueller 的說法，無論使用子網域還是子目錄，選擇能夠令你網頁長期使用下去的方式便可，兩種做法並無太大差別，最重要是能夠容易維護且長久執行，而令你網頁獲得利益。John Mueller 的說法十分巧妙，因為並不會偏袒於一方，而是兩者也能夠做到相同的效果，這樣的說法令到大家更難以選取。

那麼該如何選取呢？

取決於你自己。基本上 SEO 是不能夠人云亦云，除了一些固定的優化技巧外，內容、結構、排位等等也必須要有個人風格。使用子網域通常是因為網站有各項服務，例如：購物、教學、申請預約等等，這些均為令到子網域更容易發揮。

對於我個人來說，我自己是較偏向於子網域。在我過往自身的經驗與實作中，因為當你有主網域和子網域時，兩者同時做好 SEO 的優化，可以令 Google 在 SERPs 顯示多於一個自己的網站。當然，這是我個人看法。

其實 SEO 最主要的還是以用戶體驗作為最終目標；為什麼我們需要 SEO？為什麼我們需要在關鍵字那麼用心？為什麼我們要令內容不空泛而豐富？全是為了吸引用戶，而當用戶好感度上升，那麼亦會增加消費意欲，即使沒有消費動機，頁面停留也會較長時間，而這些全是透過用戶在無意間給予我們的機會，讓我們提升排名。

S E O 秘 技 1 0 0 招

44. 百搭內容生成器

　　「百搭內容生成器」是一個流程，可以協助你想到不同的內容題目，令你的網站充滿客戶感興趣的文章，當你找到最新及目標客戶感興趣的主題後，便要按著該主題演化多不同的內容。以下我將講解如何七步完成百搭內容生成器。

步驟 1：先選 1 個主題

　　檢查預計人流量、是否目標客戶感興趣的主題？

　　例如：手機維修，這個主題必需是搜尋最多／點擊率最多的主題。

　　有沒有其他對手已做了很多相關的內容？

　　若然發現很多對手同時使用一樣主題，可以嘗試轉換字眼，例如：手機修理、Fix／Repair、爆 Mon／換電等等；同時可以加長主題，利用地區名字加長：深水埗手機維修／全港最強維修等等，能夠針對於地區性受眾的搜尋。

步驟 2：客戶遇到甚麼難題？他們最想得到的解決方法是甚麼？

　　你的內容必須要切合客戶的實際利益，才可以吸引他們閱讀，進而提升排名。取決於公司提供的服務而寫出解決方法，必須是有利於經濟效益，服務性質需要清楚說明。

　　問題：手機好快便無電。

　　希望得到的解決方法：手機電池好似新機一樣。

步驟 3：自選 5 種文體

　　文體根據網頁的性質再而撰寫，而非引用所有文體；大部份用戶最喜歡看到教學文及比較文，提供的資訊較多，而且可以一篇文章概括自己想知的事情，不需要另尋資料，方便他們閱讀，繼而提高網頁停留時間，SEO 排名亦會因而有所提升。

1 個主題其實可以用不同的文體表達出來，以下列出 13 種網絡上常見的文體。

1. 教學：iPhone 10 換電池的詳細教學
2. 協助：選購手機電池要注意的事項
3. 如何做：如何換手機電池
4. 如何避免問題：如何避免因換電池而爆炸
5. 開箱文
6. 比較：A 廠跟 B 廠的手機那個電池最好？
7. 價目表：最新手機換電池價目表
8. 資料為主：如何減少用電量 23%？
9. 最好 10 個列表：10 個國內最耐用的手機電池牌子
10. 個人意見：5 個理由，為何你不要購買 HTC 手機！
11. 個案分析
12. 好處壞處比較
13. 議論：手機是不是一定要使用原裝充電器？

文章內容最好為長篇，加插圖片能夠使內容不顯得那麼沉悶，另外廣告性質的文句儘量避免，因為 SEO 會被廣告內容拖低排名，因此內容需為真實且富有資訊性。

步驟 4：構想文章主題

想一個主題，可以切合文章內容，簡單便可以

例如： 自行換手機電池要注意的事項

例如： 關閉耗電量大的 APP，以延長電池壽命

主題的關鍵字可以盡量放最前，吸引瀏覽者的注意力，即使有點不合文體也沒關係，切合文章內容便可。

步驟 5：加入吸引的字眼

在題目上加入吸引的字眼，提升文章的趣味及點擊率，一般可以使用以下方法：

1. 提出反建議
2. 提出令人驚訝的事實或數字
3. 提及讀者的目標
4. 保證成功
5. 恐嚇

例子：　**HTC 只要關閉這個 APP，便可以節省 22% 的電力**

　　　　5 個理由，為何你不要購買 Samsung Note 9 手機！

　　　　3 個小 Tips，令手機電池如覆新機狀態

　　　　詳細有圖，你也可以自己換 iPhone 10 電池

這些字眼在某種程度來說具有說服力，因為瀏覽者往往會被有數字的題目吸引而點擊網頁。

步驟 6：把目標關鍵字相關的概念字 (LSI) 放入 文章裡

(LSI)Latent Semantic Indexing 在之前的教學篇章已經有提及，在同樣的語境中使用具有相似含義的詞語，為的是令到用戶在潛意識中搜尋不同的字眼也能夠找到文章，而且文章不能只單一的不斷重覆使用一樣的關鍵字，會令文章形成關鍵字充塞，有可能被 Google 認為是垃圾文章。

LSI 的概念字並不難找，只要不要相隔太多的意思便可。

步驟 7 : 注意 HTML Markup，把目標的 Keyword 及相關概念，在文章裡重覆強調！

拋除所有沒有關係的東西，例如有一個頁面是說手機維修，那麼該頁面便需要注重這個主體，其他的不需加插。即使公司有其他服務／產品等等，也放在另一個頁面，不要將兩個主體同時放在同一個頁面，這樣做不但混淆 Google 的偵測，也會令 SEO 感到疑惑，排名不知道該如何分類；因此必須一個主體一個頁面。

由此可見，完成七大步是需要很長的時間，因此決定每樣事情必須準確，而非猜測。

45. 如何利用 Google 我的商家排到第一頁？

　　除了在實體店招攬客人外，在 SEO 中利用 Google My Business(我的商家) 亦是一個招攬客人的手法，運用得宜不但能夠提升實體店的曝光率，亦會成功吸納更多消費者，增加店鋪知名度。

Google My Business(我的商家) 申請步驟

第一步： 在 Google 上尋找 Google My Business，點擊後按 Add Location

第二步： 根據 My Business 的要求，輸入自己商店的各種資料 (在 Business Name 商店名字，加設 1-2 個關鍵字會更加好)

第三步： 填寫地區 (特別留意選擇地址方面，盡量選擇自己公司原本的地區，針對該區的受眾，能夠令排名有上升的機會)

第四步： 選擇 Google Map 上的地點

第五步： 選擇 Serivce Area - Hong Kong 以及適合的商店分類

　　完成以上步驟後，Google 將會要求你本人認證，認證完成便能夠正式使用 Google My Business。

Google My Business(我的商家) 小技巧篇

在 Info 會看到不同的資料還需要選擇，這時候我們可以使用一些小技巧令到商店提高曝光率。

1. **Add Hours**：所有時間設定為 24hours，令 Google 對商店的印象提高
2. **Add URLs**：輸入公司的網址 (很多人忽視這事情，但是在 My Business 加入 URLs 亦能夠為 SEO 有提升排名的作用)
3. **Add Section**：輸入提供的服務，產品以及價錢等等
4. **Add Business Description**：輸入不同的關鍵字以提升店鋪在同行的排名
5. **Add Photo**：加入公司不同的圖片
6. **Write a Review**：儘量找人幫助寫 10-20 個 review，能夠加快排名上升的速度

Google My Business(我的商家)

當設定完成後，系統會每天更新店鋪的瀏覽次數及人流而且能夠在 (Insights) 反映出用戶透過那些關鍵字來找到你的網站，利用這些數據能夠收集不同的資訊優化搜尋引擎，有機會在地區性爭奪第一。

46. 使用 Google Analytics 的 5 個好處

Google Analytics(Google 分析) 是 Google 其中一個免費工具，它能夠追蹤網站的流量與訪客瀏覽情況，對於優化市場策略有莫大的幫助，能夠有效增長人流量。在 SEO 裡，GA(Google Analytics) 能夠追蹤關鍵字的動態，分析出每個關鍵字分別為自己的網站帶來多少流量，同時讓你得知你網站訪客的基本資料。

那麼 GA(Google Analytics) 是否真的那麼厲害呢？以下我將說出 5 個好處讓大家明白它的強大。

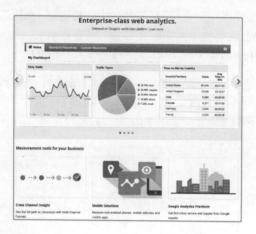

1. 完全免費

儘管它是一個完全免費的工具，對比於其他付費工具相比，提供著相等數量的功能，甚至更多。而且功能能夠一目了然，簡單清晰，新手也能夠很快便掌握。

2. 能夠找出你的訪客如何找到你的網站

當你在優化核心的關鍵字集時，同一時間可以看見訪客輸入其他的關鍵字來發現你的網站。因此在初始優化過程中，關鍵字的數量可能不多，甚至接近零，但隨著時間的推移，在整體優化工作中，開始得到更多的關鍵字為 SEO 做好準備。

3. 分析訪客最常點擊的頁面及連結

　　有能力知道那些是最常用的頁面和連結，並衡量在整體優化活動中引導流量到正確的頁面，而一些跳出率更高的頁面亦會顯示出來，從而得知針對著不同的頁面採取不同的改進。

4. 訪客細分

　　GA 能夠分析你的 SEO 可以為你帶來多少新的訪客，透過長期觀察的資訊獲取訪客最基本的資訊；根據新和回訪的訪問者、地理位置、推薦來源等等得知訪客大部份是什麼類型的人。

5. 微調網站

　　有了分析報告後，對於調整網站的效益更高，因為能夠最快得知頁面的變化及成效；例如在交易頁面／客服頁面，透過報表可以檢視成效及得知用戶和客戶最想要的東西，再而優化。

　　GA 最大的功效是能夠多重分析訪客的細節、了解訪客的資料、網頁停留時間、瀏覽數、造訪的頻率、回訪率，甚至他們在網絡上的行為也能夠仔細分析，而這些重要的資訊便能讓你在優化 SEO 更易管理。

47. 應付 Mobile-first indexing，我們要做甚麼？

　　Mobile-first indexing(行動版內容優先索引) 是 Google 因應時代轉變而產生的系統，她認為打造適合透過行動裝置瀏覽的網站，是經營線上業務的一項重要環節，亦代表著行動裝置版本的網站好與壞同時直接影響著 SEO 排名，手機版的效能若然比電腦版較惡劣，便會為 SEO 帶來負面影響。

　　由於現在大部份人也是透過手機看網頁，因此 Google 決定以網頁的行動版內容為主要索引建立根據，而為應付 Mobile-first indexing，有三項事情必須需要做，以幫助網站能夠順利完成內容索引。

1. 回應式網站

　　回應式網站是指網站內容會依照螢幕大小自動調整。為了排名靠前，這是最需要做的事情而且是強制性的。回應式網站的基本設計包括：流動性高的結構比例而非固定、彈性文字及圖像、實用設計以確保非桌面版亦可行，以及使用 CSS 媒體查詢 (Media Query) 為設計作為定點。但除了基本設計外，一些標準技巧也可以衡量地使用，以加強回應式網站的功效，例如：調整網站圖像的大小 (確保圖像能夠根據屏幕大小自動縮放)、調整字體大小和樣式、創建一個移動菜單、定義默認縮放等等，也能夠為用戶體驗增加好感。

2. 投資一個手機優化網站的建設者

　　它能夠檢測你的訪客在使用什麼 (智能手機或平板電腦)，並自動調整網站的佈局，以適應所使用的工具大小。使用 Google 推薦的 Website Builder，能夠堅持 Google 最佳的實踐方案。若然想為速度進行優先級排序，我推薦使用：Duda。Duda 是標榜為唯一一個為 PageSpeed 完全優化的 Google 首選 Builder，因此亦很多人選擇使用；畢竟大家認為速度對於手機在瀏覽網址時相當重要。

3. 手機設備優化內容

　　為確保你的內容與優化後的網站其他部份在回應性方面良好，必須了解用戶行為和首選項以及可用解決方案。用戶用手機上網時瀏覽網頁的速度會比電腦版迅速很多，因此必須利用多樣式的內容才能夠吸引他們的目光，可以使用 Gif、Meme、短篇文章、高質量的圖片等等，迎合不同興趣的訪客，才能夠涵蓋每個角度。

48. Bounce rate 是甚麼？
如何影響 SEO ？

Bounce Rate(跳出率)

　　指瀏覽者點擊網站的 Landing page 後，沒有瀏覽其他頁面便離開。在 SEO 中是用來衡量網站質素的重要數據，言下之意，這個數據能夠反映著你網站的價值與吸引力。瀏覽者搜尋關鍵字時往往希望網站能夠提供最高質素的資訊給他們，因此當跳出率比列偏高，說明著網頁內容不太符合關鍵字的內容或吸引不了瀏覽者。

跳出率的重要性：影響 Google

　　Google 對關鍵字的敏銳性十分高，她每天都需要分析用戶的思維及行為，因此在關鍵字上需要作出各種不同的假設，以滿足瀏覽者對關鍵字的搜尋結果。

　　例如搜尋：烹飪班，SERPs 中並不會只單一出現烹飪班的資訊，亦會夾雜著不同的菜式課程、課室出租等等資訊，務求令到用戶能夠獲取更多資訊；而我們的職責需要令到自己網頁變成 Google 最快偵測的網頁，而且關鍵字需要符合用戶的思維才能突圍而出，因此跳出率便是最能反映出網頁資訊是否了解用戶思維，而令到用戶不會點擊後便離開。

跳出率的重要性：影響 SEO

　　假設一個網站在 Google 的第一個頁面獲得不少流量，但是大多數流量在 5 秒或更短的時間內離開，這樣說明著，該網站不是一個很好的網站。因為當用戶點擊網站後，大部份人在 5 秒或更短時間內離開，短短的時間裡，無法從中獲取任何資料，代表他們不感興趣或網頁裡並沒有他們想要的資料。Google 監視網頁的流量及用戶反應以隨時改變搜尋結果頁面，因此當跳出率的數據越大，排名便會續漸下降，變成沒有意義的網站。

　　要降低跳出率需要做的事情相信大家在閱讀先前的篇章也能夠掌握技巧了吧？大家在設計網頁時記僅必須以「用戶體驗」作為優

先考慮因素，例如一些申請頁面／交易頁面，很多網站也會要求用戶需要填寫詳細的資料，這樣的做法會令用戶反感，覺得麻煩；所以減少填寫資料的步驟令到用戶的目的更快達成，這樣不但能使他們好感度提升，同時不會流失每一個潛在消費者和消費者。

49. Google Algo Update 簡史

Google Algo (Google Algorithms 演算法) 不斷變化,後期更出現兩個主要「吉祥物」掌管內品品質;分別是 Google Panda 和 Google Penguin,前者掌管網頁內部內容品質,後者掌管網站內外連結,在 SEO 中佔著相當大的地位。現在一起看看 Google Algo 的簡史吧。

2000 年:Google Toolbar(工具欄) 發佈。
這個發佈針對著 Internet Explorer 5 和 6 的瀏覽者插件,允許用戶查看他們 Page Rank 的任何頁面。在某種程度上,這就是 SEO 的誕生,因為它給了網站管理員 (Web Master) 一個簡單的方法來衡量他們的功效是否成功。

2002 年:第一次更新
Google 演算法發生了變化,搜索欄與前一天相比顯著不同

2003 年:Boston,第一次命名更新
Google 開始命名並宣佈他們主要的更新

2003-2004 年:Cassandra,Florida,Austin
這三個更新的出現是為懲罰一些老式作弊 SEO,令他們不會再有高排名

Cassandra: 對隱藏文字及連結作出針對性處理,例如同一個域名獲得大量連接,價值會被降低

Florida: 針對黑帽 SEO,例如利用氾濫性關鍵字提升排名的網頁會受懲罰

Austin: 升級執行;針對單頁優化,包括隱藏文字、Meta 標籤堆砌等等會作出清理

2005:Nofollow,Jagger
兩個升級行動嚴屬打擊低質量的連結。為應付 Spam 及控制連接質量,Nofollow 有助清除無用的垃圾連結,包括一些垃圾 Blog Comment。Jagger 打擊互惠連結、連結農場、付費連結等等

2011：Panda
熊貓誕生，最大的一次算法升級。過濾低質量內容、內容農場、廣告內容比例過重以及其他一些質量因素

2012：Penguin
改進了 Panda 的降級算法，側重於含有垃圾郵件內容的網站，常常做外部連結的檢查。

2013：Humming Bird
通過理解用戶的查詢來改進搜尋結果，而非依賴於關鍵字，並產生更多相關的結果。(在 Humming Bird 前，Google 的算法過於依賴關鍵字，因此網站會利用關鍵字填充內容提高流量)

2014：Pigeon
重視本地搜尋結果，把高質量本地網站放 SERPs 較前位置。

2015：Mobile Friendly Updates
能夠在行動裝置上顯示完好的網頁會在 SERPs 排名於第一頁

2015：Rank Brain
基於相關性和機械學習 (Machine Learning) 提供更好的搜尋結果。利用機械學習使 Google 搜尋好好理解及了解用戶查詢背後的含義

2016：匿名算法
命名 Possum，根據用戶位置對搜尋結果進行優先級排序

2018：手機速度
考慮手機速度較快的網站能得以較高排名，畢竟手機的科技越來越發達，Google 的算法也隨著時間變遷而更新，為創造用戶最佳的體驗

50. HelloToby
是如何做 SEO 的？

HelloToby 是一個服務買賣平台，由 2016 年創立直至至今可以說是在 SEO 中做到相當好的成績。那麼 HelloToby 是如何在 SEO 取勝的呢？以下是我個人對她的分析。

HelloToby 上提供的服務涵蓋家居服務、學習進修、娛樂與活動、健美、商業活動等範疇，將供應與需求配對起來，針對不同受眾的需求從而進行提供各式各樣的服務。而他們能夠出現在 SERPs 中較前的頁面甚至第一頁，所用到的 SEO 技巧，最主要是「長尾策略」。

「長尾策略」是利用主要關鍵字再加以其他描述字眼，成為主題，由於長尾關鍵字的競爭較少，以致能夠較輕易地 SEO 獲得高的排名。

以 HelloToby 的個案來說，搜尋：「網頁製作」，HelloToby 的網頁亦會出現，然而他並非以網頁製作作為標題，而是【網頁設計推薦】作為關鍵字，那為什麼亦會顯示出來呢？原因很簡單，因為它們除了運用長尾策略外還用了相當多的 LSI。進入網頁後，可

以看見他們使用了：網頁設計、網站製作、網頁翻新、網頁平面設計等等不同的字眼，這些都是屬於「網頁製作」的一類概念，由此可見他們在關鍵字用的字眼相當別出心裁，而且掌握著目標客戶的心理，了解他們的需求再而制定頁面內容，以提供不同的服務給潛在客戶及目標客戶。

一般微型長尾策略或許只有一種行業及配價給予瀏覽者，然而HelloToby 則是宏觀措施，因為包含著各種不同的行業以及配價，而且在行業中也衍生出不同的職責，例如美容業，也分為不同的美容師及服務：面部護理、去除黑頭粉刺、美白療程甚至男士美容等等也可以配對。而這樣的做法，在 SEO 裡極為侵略性，因為我們想要的資訊大部份可以在它的網頁裡找到，以至令到不少美容網頁與 Hellotoby 會成為相當大的競爭對手。

除此之外，Hellotoby 能夠提供人物及價錢資訊以至成為平台的霸主。提供兩萬多個不同行業及個人化專家，讓用戶可以隨心選擇。而且更按地區性選項提供，能夠遷就不同用戶的地點。對於一個服務平台來說，評價及留言也是十分重要的，而他們平台亦有收集不少對於專家的評價，讓用戶作為參考，令到瀏覽者轉換成消費者。

他們在 SEO 中可以說是相當強大的高手，資訊豐富而不空泛，連結多但實用性高，版面簡潔且分類清晰，用戶體驗自然好感大增，亦取得非常多固定的高排名。

51. SEO 三個月持久戰：Week 1 - 調查 Keyword 及對手

在第一個星期，我們要為自己的網頁建立基礎以鞏固實力，同時在調查過程中掌握對手實力。而在 SEO 中，關鍵字便是最需要從開始做起的事項，以下我將會講解在開段時以關鍵字做的基本技巧。

目標：

1. 為每個公司服務的頁面選 1 個 Target Keyword
2. 為每個 Target Keyword 選 5 個「長尾」Keywords
3. 調查每個 TK(Target Keywords) 的商業價值及估計人流量
4. 研究 Top 5 對手的網頁 Backlinks (數量及品質)
5. 安裝 Google Search Console
6. 申請 Google My Business 戶口

工具：

Google Keyword Planner，Ubersuggest.io，Majestic SEO，SEMRush backlink checker，Google Search Console，Google My Business

我們在第一個星期的目標有 6 個，在設計網頁時，我們除了要選 1 個 Target Keyword 還要選 5 個「長尾」Keywords。假設你公司是主打清潔服務，其中三大服務為：除甲醛，家居清潔，除甲由；那每個服務也必須聯想出不同的「長尾」Keywords。例如在除甲由方面有：無害除甲由、辦公室甲由、強力甲由屋、細型甲由等等，盡量聯想不同的 Keywords 能夠不斷拓展成為最主要的關鍵字，能夠令頁面更集中。

第三點必需細心調查，不能夠隨隨便便，因為一錯便前功盡廢。調查每個 TK(Target Keywords) 的商業價值及估計人流量能夠獲取潛在消費者／消費者的動向，從而制定適當的 TK 吸引客戶，而非只是訪客。若然從開始便已經將 TK 弄錯，基本上甚少人以相關的關鍵字搜尋，那麼便徒然浪費時間，得不償失。

當研究對手的網頁 Backlinks 時，不需要為自己的網頁排名感到自卑，畢竟新的 SEO 是需要時間成長。而 Backlinks 在 SEO 中是很難控制的，強大的對手背後一定有不少權威性支撐，我們可以從而參考，而在 Link building 上再加以努力。

最後，記得安裝 Google Search Console 及申請 Google My Business，越早越好。需要在第一個星期申請的原因是因為需時較長，大約三星期，因此越早申請越好；另外根據網頁頁面的服務申請數個 Google My Business，而非只申請一個。

52. 三個月持久戰：
Week 2 - 紀錄 SEO 進度

目標：

1. 開 EXCEL 表紀錄每個 Target Keyword 的排名進度 (日期、Target Keyword、名次)
2. 安裝 Google Analytics
3. 按 Target Keyword 把網站分頁，一個 Target Keyword 一頁 (如有需要，建立另一個主題 Niche Website)
4. 確保把 Target Keyword 放在 URL 上

第二個星期主要是準備紀錄 SEO 進度。

開 EXCEL 表紀錄 SEO 進度是我個人常用的做法，新手或熟手也相當適用。這個做法我從以前用到至今，能夠令我清楚每個 TK 的排名進度，而且能夠鼓勵我不斷進步。畢竟接觸多年 SEO，有些事情是會比較麻木的，特別是在最開始的等待期間，因為 SEO 在一開始的進度會十分慢，我便會用 EXCEL 來觀察進展，每隔一星期進行紀錄。紀錄不需要過於複雜，簡單便可，分三行寫：日期、TK 及當時的排名。

安裝 Google Anayltics 以便追蹤網站的流量與訪客瀏覽情況，特別在關鍵字方面能夠追蹤關鍵字的動態，分析出每個關鍵字分別為自己的網站帶來多少流量，從而制定更好的內容。

按 TK 把網站分頁，每一個 TK 為一頁能夠把每頁的主體集中，清楚地讓 Google 知道。一頁一 TK 對於用戶體驗是相當好的，不混淆於其他主題，令用戶一目了然，不會混亂。但是，如果一個主題包含太多內容的話，建議建立另一個主題 Niche Website。以滅蟲服務為例，滅蟲的內容十分多，有蟑螂、蟻、木蝨、床蝨等等，這些都可以獨立開一個主題網站。

請記得把 TK 放在 URL 上。大家在設計網頁時或會忽略 URL，URL 必需要有 TK 才能夠令人輕易認出及被 Google index。同時，Google index 是需要時間的，因此我建議大家無需把網頁設計完善才推行，應該越快推出越好，你可以在推出後隨時修改內容，若然待網頁頁面全部完成後才推出，便會拖慢 SEO 的進度。

53. 三個月持久戰： Week 3 - 建立豐富 On Page 內容

目標：

1. 每個服務頁寫大約 1000 字
2. 每頁 2～5 outbound links 去相關的權威網站
3. 把 LSl 字眼加在服務頁文字內
4. 加 Internal Links 到相關的站內相關頁面
5. 安裝 Yoast SEO WordPress Plugin
6. 注意 Title，H1，H2，Image Alt，A Title
7. SEO Meta Description
8. Submit sitemap to Google Search Console
9. 加圖，加相，加 YouTube Video

工具：

Yoast SEO plugin，Youtube

當我們把網頁最基本的事情做完，便需要開始在裡面加入豐富的內容。

為了強化網頁內容，在第三個星期是比較辛苦的，因為大部份內容也需要撰寫，而且根據內容及頁面也必需加插圖片及影片。

根據公司的服務頁面撰寫大約 1000 字的文章帶出主題，而且不能夠空泛，盡量加入 LSl 字眼。你們可能會認為 1000 字的文章很多字，但對於一個網頁來說，特別是在服務頁面少字反而會不利於SEO及減低客戶的信心。例如網頁是手機維修的頁面只打2-3句：手機維修全包，價錢優惠，詳情請查詢。這樣的字數很大程度上令客戶或訪客感覺是帶有欺騙性質的網頁，令他們很快會退出網頁。多字能夠提升網頁的真實性。

圖片、影片、連結

在第三個星期除了在文字上努力，最吸睛的圖片及影片也需要陸續發佈。

圖片	：需要壓縮後再上傳，請小心解像度必需清晰。
影片	：上傳到 YouTube 後嵌入。
Outbound Links	：最好能夠將內容連結去其他網站，特別是官網，能夠加強權威性及說服力，
Internal Links	：自己網頁的內頁連結，讓瀏覽者方便跳閱其他頁面，瀏覽更多內容。

大家必需注意 Title，H1，H2，Image Alt，A Title 以及 Meta Descprition，切記不要貪心把所有項目列為重點，小心衡量。

54. 三個月持久戰：Week 4 - 讓客戶在地圖上看見你

目標：

1. 申請 Google My Business 帳戶
2. 建立一個資料豐富的 Google My Business 資料頁
3. 最好把 TK 放在公司名稱之前

工具：

Google My Business

Week 4 代表持久戰的第一個月已經完結，而在開始第二個月時，我們首先要在地圖上設定位置，讓客戶在地圖上看見你。

Google My Business 能夠將你的店舖資料放在地圖上，從而提高曝光率。現在 SERPs 好多時會列出 Google 地圖搜尋位置，只要搜尋關鍵字有可能顯示提供服務的公司，因此你們必需建立一個資料豐富的 Google My Business 資料頁，讓你的店舖在地圖上出現。那麼一個資料豐富的資料頁是要包含什麼呢？我在之前的篇章已經詳細說明出來，而其中最重要的三樣便是：圖片、描述、評價。

這三樣是 Google 在地圖資訊中，最為喜歡的資料。由於 Google 會考慮到商家的評論數量和分數，評論越多，排名亦會提高。再者，以用戶體驗來說，圖片及評價亦會較為吸睛，吸引他們的注意力。試想想，當你搜尋滅蟲時，雖然有不少公司顯示出來，然而並沒有任何評價，你還會有意點擊嗎？評價不單止是為了 Google My Business，最重要是吸納客源，因此在公司名稱也必需放上適合的 TK，讓人在搜尋 TK 等字眼時能夠找到你的公司。

　　例如滅蟲公司，在公司名前加上：辦公室滅蟲 (你的公司名)、除蟲服務 (你的公司名) 等等，能夠引導瀏覽者在搜尋 TK 期間同時到看到你的公司。

　　除了能在社交平台更新動態外，Google My Business 現在也能夠更新動態，而這個功能能夠令瀏覽者得知最近期公司的活動資訊，能夠輕鬆跟潛在客戶溝通。動態發佈能夠大大提升公司在搜尋結果頁的排名，是相當實用的功能。

55. 三個月持久戰： Week 5 - 開設社交媒體戶口

目標：

1. 為公司盡量申請不同的社交媒體帳戶
2. 記得在每個帳戶 Backlink 自己公司網頁
3. 開始在 1 個社交媒體定期 (每周一個 POST) 出 POST

工具：

Facebook、Twitter、Linkedin、Reddit、YouTube、Pinterest、Tumblr、Blogger、About.me、WeChat、Instagram

第 2 個月的開始，我們開始進攻社交媒體，將接觸人群再度擴大。

隨著社交媒體的發展，商家在平台上開設專頁是一件十分平常的事情，開設專頁除了能夠增加更多人流外，與客戶的互動性也會提高，因為不同的社交媒體也會有不同的通訊系統，能夠與人即時對話。以 Facebook 為例，會有 Facebook Messenger，客戶能夠即時 Messenger 與你進行對話，無需再用 WhatsApp 或其他通訊軟件，這樣即時聯繫能夠加強與客戶的關係。

不同的社交媒體覆蓋著不同的年齡層，例如：Instagram 蓋覆的客群多為年青人，而 Facebook 的客群多較為年長，因此你可以衡量自己想吸引那個年齡層的人，並在合適的社交媒體做推廣。當你發佈動態時，可以嘗試發佈圖片吸引瀏覽者。以我自己專頁為例，我最常發佈的動態會是新課程、新活動以及一些教學文章讓大家能夠得益。

在 SEO 中，開設專頁對我們來說是最表面的行動，其主要目的是為了在裡面 Backlink 自己公司的網頁，讓公司網頁的 Backlink 增加數量同時亦是有用的連結。每當我們發佈新動態時，也可以在內容的最後加上：(如欲瀏覽更多，請即上官網：公司網址)，這樣的做法能夠在無形中提高 SEO 的排名，同時讓大家知道你的公司網址，一舉兩得。

56. 三個月持久戰：Week 6 - 提交行業目錄或平台

目標：

1. 追蹤對手在那些目錄或平台有 Backlinks
2. 在未來 4 星期內，最少把網址提交到 50 個網頁目錄，當中最好包括 10 個相關行業的目錄 (Directories)

工具：

Backlink checker

我過去一直提及必須追蹤對手的 Backlink，為什麼我會對這件事如此執著？原因很簡單，拉近競爭距離。

對於新手的網頁，你們也必定會知道是不可能與原本強勁的網頁能夠並列在第一頁，畢竟他們的網頁比你起步早了很多，而且在 SEO 上也必定花了很長時間才能夠屹立於第一頁。那麼我們需要做的事情便是拉近與他們的距離，而追蹤他們的 Backlink 便是其中一個做法。

利用 Backlink checker 追蹤對手的 backlink 能夠快速獲得資訊，可以跟隨他們的 backlink 再而從裡面發佈文章／其他資訊。

除了這個方法，在不同的平台上放上 Backlink 也可以幫助 SEO。根據你網頁的性質／行業選擇網頁目錄放上自己的網站，以我的網頁為例，我會放上一些免費教育平台網站，以增加我的 Backlink 數量；有些平台的或許並非真正有涉及，但是只要是同一性質，而且是正當用途，那麼增加 Backlink 又何樂而不為呢？

57. 三個月持久戰：Week 7 - 準備建立發佈內容的戶口

目標：

1. 開設不同的 Blogging 帳戶
2. 開設不同的 Forum 戶口，要培養及注意版規

工具：

Backlink checker

免費 Blogging 帳戶

Wordpress.com、Google Blogger、Blog.ulifestyle.com.hk、HongKongmenu.hk、HK Discuss、Uwant、she.com、mamibuy、beautyexchange、medium

當你網頁已經差不多完成時，這時候便可以從 Blogging 及 Forum 進手，讓你的網頁曝光在討論平台，讓更多人留意。

Blogging

我在發佈 Blog 時，很多時候也不會直接「賣廣告」，因為大家也不會去看，因此我是撰寫教學文章／分享文吸引人流。Blog.ulifestyle.com.hk 是一個 SEO 十分強的網頁，基本上只要把文章放上去後，只需幾天便能夠很快爬升至第 2 頁甚至第 1 頁，當然這取決於行業的競爭性，但嘗試才是重要的關鍵。

以我的行業為例，在香港競爭屬於中上等級，畢竟有很多 SEO 的高手也會發佈自己寫的文章。因此我除了在自己的網頁發佈

文章外，在不同的平台也會發佈，以提高我 SEO 的排名。而當你發佈文章時，在內容的最後加上公司的網頁，能夠增強效果；與此同時，可以利用 Backlink checker 察看其他對手在什麼平台發佈文章，可以在同一平台上發佈，與他們競爭。

Forum

在大多數的討論區，是不能夠直接寫出「我的公司很好／快來看看這間公司」這些直接營銷手法。所以我常用的做法是以問題方式和人參與討論，讓人對公司有所認識。例如：我想學網頁設計課程，有那間公司好？聽人說 XXXX 不錯，大家有去過嗎？以這樣問題形式讓人增加對公司的印象。另外一些較為蠱惑的手法便是申請兩個帳戶，以一問一答的形式來提高公司的曝光率，但這些都需要培養及小心版規，以免讓人認為是「打手」／「營銷號」。

根據公司的服務形式去參與話題，請勿試圖在所有話題上公開公司名稱，只會讓人感到厭惡。

58. 三個月持久戰：
Week 8 - 收集好評

目標：

1. 向用戶及朋友收集對你公司的好評
2. 要求他們寫在 Google My Business 上：5 星及內容要有 TK
3. 把長篇的好評 COPY 到網頁上，越多越好，儘量為廣東話
4. 適當地把好評改寫，加強 TK 發 LSI
   (把好評貼在 Forum 上，如可以的話)

工具：

Google My Business，Forums

第 2 個月的尾聲便是收集好評，提高 Google My Business 的完整度。

收集好評再在 Google My Business 上發佈，能夠提升你網頁及店鋪的聲譽及信用。我之前提及過 E.A.T 在 SEO 中是比較難以達到的，而好評便是其中一個能夠提高 E.A.T 分數同時能令排名上升的方法。

但好評的內容不能夠亂寫，而是需要技巧的。內容方面是需要有 TK，而非一昧只說「好好好」，必須要寫成一段文字，裡面寫一些個人感覺及評價，不然只會覺得是垃圾評論。例如你是美容行業，那麼好評可以寫出：「美容師手法好好，本身好多黑頭，針清完之後少左好多，而且唔會整到損晒。」由此評論可以看出，我在裡面有加插 2-3 個 TK，分別是美容、黑頭、針清，而這些字眼是美容行業最常用的其中 3 個，因此根據 TK 而寫好評不但能夠在地圖上排名更高而且亦可以令瀏覽者參考評價，提升他們的信心。

評論無需每個也要多字，1-2 個長篇便可，而長篇的最好把它放在網頁裡。以 Mc Jack 為例，他的網頁主頁是充滿著好評，而他的行業裡正正需要這些好評鞏固人氣。

　請大家留意不要製造假評論。因為 Google 能夠很快便偵測出來，再而刪除。地圖的資訊及評論成績對於消費者是極有價值的，特別是消費者透過搜尋引擎／地圖尋找他們想了解的店鋪時。以 Google 極度著重用戶體驗時，對於假評論是不能夠容忍的，因為會關係到用戶對於他們的印象，因此請儘量收集真實評論。

59. 三個月持久戰：
Week 9 - 制定內容及
內容推出時間表

目標：

1. 了解客戶想看甚麼內容
2. 按 TK 想想該創作怎樣的內容
3. 在 Excel 訂好推出時間表及安排人手

工具：

Excel

臨近第三個月的開始，亦是持久戰的最後階段，而這段時間可以說是漫漫長路的開端。

這個星期主要是制定內容，不斷修改網頁的內部及外部細節。那麼如何制定內容呢？我們現在來複習一下吧。

制定一個能夠吸引客戶的內容，大家也知道不能夠空泛同時需要具備資訊性及趣味性。而內容能夠登上 SERP 的高排名，除了內容豐富，必須有著關鍵字 (Target Keywords)。例如我寫一篇滅蟲的文章，我不能夠把所有蟲類集中於在同一篇文章，資訊太多令人難以閱讀，可以抽 1-2 個蟲類來說，說一說這個蟲類的特質、出現地點、為何會出現、如何清除等等，不但帶有資訊性而且更有解決方法，這樣的文章才是客戶最想看到的內容。

每個行業寫的文章也會有所不同，但必須要有價值，不能夠廢話。以我的行業為例，大部份人也想知道 SEO 的各種優化技巧，而非「如何用電腦」、「如何搜尋」這些廢話，若然你打算寫一些無關痛癢的文章以提高排名，把關鍵字硬塞在文章內容，這樣的做

法不單止令到 Google 降低排名，同時令用戶好感度大跌，只會認為是垃圾文章，網頁的跳出率亦只會有增無減。

那麼需要每日發佈內容嗎？這取決於你的需要。然而我個人做法便是大約 1 星期 1-2 篇，文章內容不多，但內容卻十分豐富，能夠吸引瀏覽者的點擊而且他們亦可以從中獲取到有用的資訊；當一個人能夠在你的網頁上獲取資訊，自然會定期瀏覽網頁。

要令到文章內容發揮到最大效用，請大家努力撰寫豐富的資訊吧。若果大家認為太多文字會便內容過於沉悶，可以插入圖片、影片解說，不少加插圖片、影片後使文章變得更高排名，因為內容比起其他的豐富太多，而這樣的高價值內容能夠獲取不少點擊率及網頁停留時間，SEO 排名自然不斷進步。

60. 三個月持久戰：
Week 10 11 12 -
推出內容及 Backlink

目標：

1. 推出內容
2. 把內容貼在 Forum，Blog，Soical media 及公司網頁上
3. 注意要 Backlink 自己公司網站
4. 投稿到其他平台及報紙
5. 有機會便取得 Wikipedia Backlink
6. 每週記錄 SEO 進度，寫在 Excel 上

工具：

Wikipedia、Excel、內容推出時間表

當持久戰踏入最後 3 個星期，目標項目需要是不斷循環，而最主要的便是不斷發佈內容及連結，以令到網頁內容更為豐富。

推出內容

最後 3 個星期，網頁基本上已經上了軌道，而你們所需要做的便是繼續推出內容以令到網頁變得更為豐富。網頁並非靠 3 個月便已成定局，需要不斷更新及發佈新內容以致令 Google 偵測及了解網頁的活躍程度，網頁越活躍會令排名不斷向上。

把內容貼在 Forum、Blog、Social media 及公司網頁上

除了公司網頁外，不要忘記在不同的平台也要以作更新，你們可能會覺得成效不大，但 Google 卻十分喜歡這些，瀏覽者同樣。當瀏覽者在 Google 搜尋欄打上關鍵字時，基本上排於高位的網頁

多數是 Forum、Blog 等等，因為人流流量十分多，而且屹立的時間比起一般網頁長，因此 SEO 是拿到相當好的成績。另外，在發佈內容的同時不要忘記 Backlink 自己公司的網站，這是非常重要的。

投稿到其他平台及報紙

若然文章內容是花費了很多心機及時間撰寫的話，可以嘗試投稿其他平台及報紙，以我所知，接受投稿的有 HK01，門檻亦不太高，有多一個機會為公司增加曝光率。

取得 Wikipedia Backlink

眾所周知 Wikipedia 是一個十分強大的網站，基本上當你搜尋關鍵字時，Wikipedia 多數會出現在第一頁，因為它的權威性及可信力十分高，很多人也會查過 Wikipeida 上的資料，因此當你取得 Wikipedia Backlink 時，對於自家網頁來說是勁大的幫助，事半功倍。

61. 網上品牌成為了 「無超連結的 Backlinks」

創立網上品牌並非一件難事，經營才是一件難事。當品牌出現在網上後，Google 便能分析出你在這個領域的可信程度、品牌聲譽、信任及客戶評價等等，這些都會影響著排名。

Backlinks 其實一直在 SEO 排名中擁有相當大的影響力，但大家也知道快速建立連結是一個高難度的工作，例如討論區的版主一見到文章中有 Backlink，大多會刪掉。但建立「無超連結的 Backlinks」，難度便大大降低，雖然沒有真正的超連結，但仍有不錯的效力。

「無超連結的 Backlinks」是指 Google 現時已不會單單按 HTML 的超連結來計算 Backlink，只要在文章中出現了品牌的名字，也會算是一條 Backlink。

以往做 Backlink 時，要在關鍵字上加上超連結的 HTML 才算是一個有效的 Backlink，但隨著 Google 人工智能的發展，它已能知道一篇文章是在談論那一個品牌，從而會提升該品牌的 SEO 評分。日後大家在討論區發佈文章時，只需要把你的品牌寫入文章內，便不需要加入超連結了！這對於 SEO Marketer 來講，是一個很好的消息！

「無超連結的 Backlinks」看似十分複雜，事實上現在很多媒體和公司也開始運用這個方法，將自己的品牌有意無意地在網上透露出來以打響名聲。例如，不少公司在社交媒體、Instagram、Twitter、討論區等等也會發佈資訊以解決人群的煩惱；例如當看到別人對於護膚品產生疑惑，可以在留言中無意地提及公司的服務，令別人對公司產生印象。

你可以嘗試使用「監控工具 Awario」，追蹤自己的品牌，在網絡上尋找不同的「無超連結的 Backlinks」，此外可找一些 KOL ／ Influencers 讓他們宣傳品牌，吸引更多不同的人群。Awario 甚至可以深入分析對手的品牌知名度如何提高，分析出他們的優缺點，讓你改進及檢討。

62. 如何利用Featured Snippets 取得更多人流？

Featured Snippets(精選摘要) 是在搜尋結果中的「大明星」，因為是獨立性呈現而且第一時間吸引使用者的注意。那麼精選摘要究竟是甚麼一回事呢？讓我們一起探討吧。

Featured Snippets(精選摘要)

根據 Google 解釋的 Featured Snippets(精選摘要) 是在搜尋結果網頁上，與其他搜尋結果有所區隔，能夠更容易吸引使用者注意。即是當大家在搜尋「肺炎的徵象」、「為什麼感冒」時，搜尋結果會有一個獨立的框架將最相似的結果獨果顯示出來，不需要搜尋者點擊結果連結。而它是近兩年才出現，現今已經擴展到多個層面及版本。目的是為了盡可能滿足用戶的體驗，以簡潔的結構把答案顯示出來，同時獎勵網站的原創性及知識性，從而建立網站的形象品牌及信譽。

聽起來十分方便吧？而精選摘要確實能為網站帶來更多人流，以下我會講解它的類型以及如何形成。

類型一：Paragraph Snippets(段落式摘要)
答案大多以文本形式顯示，可以是一個純文字的框架或圖文並茂。

類型二：List Snippets(列表式摘要)
答案以列表形式顯示，例如搜尋烹飪教學／如何洗衣服便會有列點顯示。

類型三：Table Snippets(表格式摘要)
帶有數據或圖表的答案，摘要多為價格／匯率等等。

這三種類型是最常見的摘要，但並非每樣事情都能夠成為摘要，成為摘要主要是關於 DIY、烹飪做法、健康、金融及數據等等。可以看見這些能夠以文字或數字簡單描述，帶出簡潔的信息給予用戶。

摘要的好處

為網站獲得更多點擊流量，提升網站權重及可信性。與複合式摘要不同之處是，精選摘要因為是獨立式，所以瀏覽者的目光也會先有注意，吸引他們點擊網頁；當被選為精選摘要，即被 Google 認受內容的原創性及價值，能夠提供豐富的資訊給瀏覽者，網站權重自然提高，SEO 的排名也會因而上升。

成為精選摘要的條件

1. 文章內容必須在搜尋結果第一頁。
2. 多以「問題」形式撰寫標題，例如：如何、為什麼、怎樣、解決、方法等等 ，因為能夠即使回答用戶的問題，直入主題。
3. 善用 Title、HTML、Tag 等的元素，令到文章的標題，內容有完整結構。
4. 手機的 First Index。請不要忘記手機的搜尋結果也是相當重要的，當用戶在手機上搜尋關鍵字看到精選摘要是為了方便他們，點擊率亦會因而上升。

63. 「倒金字塔」方式撰寫文章法

　　「倒金字塔」是由 Moz 的 Marketing Scientist, Dr. Peter J. Meyers 所創的方法，能夠幫助你設計持久而實用及價值高的文章，透過豐富的內容引人注目，從而提升排名。以下將會講解如何利用「倒金字塔」方式撰寫文章。

Start with the lead

　　標題在所有文章是非常的有地位，畢竟它是能夠迅速引起人們的注意，因此無論標題有多奇怪也好，也必須帶出重點而且有吸引性。話雖如此，也必需根據你自己行業／網頁的方向而定立標題，標題的語氣及用詞亦會影響著受眾對你們的態度。

Go into the details

　　當吸引到他們的注意力時，便需要談論細節。例如一個開箱文，你定立一個標題後，談論的便是產品的價錢，產品包括的東西等等，都是大家也想較快了解的事情。

Move to the context

　　再來便是上下文。上下文是能夠透露出你自己在這方面能力，因為會指出產品的背景、公司、其他因素、好壞處等等，都是由你個人去發掘再將資訊分享給受眾。

　　而 SEO 中的「倒金字塔」有一點不同的是，是會有子問題。先帶出文章的主體，以第一視角去撰寫，再說出細節或數據，再回答子問題。這樣的做法能夠讓讀者直接進入答案的摘要，而用戶是需要你去回答各種各樣的問題，以豐富的背景回答他們，能夠增強他們對你的可信程度。

　　這樣會不會令用戶反感呀？

　　不會。當然，你的內容必須吸引。當一個用戶點擊進入後，被第一段吸引後便會一直閱讀，而「倒金字塔」的方式類似續點擊破

問題，而且條理清晰，能夠不斷提醒用戶文章主體的內容，而當你提供著有用的資訊給用戶時，對 SEO 是十分有幫助的；能夠引來忠實的用戶，而他們是真正有興趣的人，從而建立與用家的良好關係。

「倒金字塔」其實是新聞稿一直沿用的方式，能夠即時帶出重點，再後細節疊加。而當你選擇這個方式在網上撰寫文章時，不需要擔心內容會否過於奇怪，因為瀏覽者往往也希望在第 1-2 的段落看到重點，畢竟在網上搜尋大多以方便快捷為要點；你亦可以在第 3 段落開始加上「了解更多」、「點擊展開」等等的轉換按鈕，以吸引合格的潛在客戶及轉換頁面。

64. 開網店或是 Facebook 粉絲專頁？

Facebook 粉絲專頁現在已經是每個商家必定會有的宣傳工具，因為 Facebook 擁有留言、讚好、訊息等互動的功能，而且接觸的人群並不會有所局限，能夠無限伸展，那麼自己應該開網店還是粉絲專頁呢？這便要視乎你的營運模式了。

不少人在營運實體店同時亦會開網店吸引人流，這是一個非常普遍的做法，而網店的潮流並非現在才流行，「淘寶」的出現可以說是風靡著不少人群，同時證明網上推廣的效率或比實體推廣高於不少。但淘寶始終是一個平台，而且客戶多為於中國，但我們主打是香港客戶，便需要從自家的網店及 Facebook 專頁入手。

零經驗卻想開始？

對網店及 Facebook 粉絲專頁是完全沒有問題的。先講 Facebook，Facebook 原本已經有一個固定的系統讓商家自行定立，每一個步驟也會有教學，簡單容易操作；圖片及影片能夠輕鬆上載，無須壓縮，所以想做生意的人必定會開設粉絲專頁；其一是容易吸入顧客(當你在 Facebook 上賣廣告，基本上是真的會有客人)，其二是方便更新同時與客人之間存有互動性。

而網店便需要自己一手一腳去建立，好處是多方面自動性。因為網店能夠讓客戶隨心選擇自己想要的東西，價錢列明清楚不需要再詢問，付款方式及系統亦會增設在網站，方便客人自己選擇；下單輕鬆，能夠令客人隨心所欲，因此網店也相當吸引。

回歸主題：開網店或是 Facebook 粉絲專頁？

兩者也需要，但網店是必需要開的。當人們在 Google 搜尋關鍵字時，大部份顯示的結果都為網頁，而非 Facebook 的專頁。只有在 Facebook 的搜尋欄搜尋關鍵字才會顯示粉絲專頁的內容，兩者是獨立的。根據 SEO 的力量，開網店是一個有效提升生意的方法。例如一間賣隱形眼鏡的公司，他的客戶人群多為少女，但他除了在 Instagram，Facebook 開設專頁外，亦會有網店，原因十分

簡單，因為客人能夠自助下單，透過網店的大量圖片及資訊再決定自己購買意向，不用不斷詢問商品資料，能夠輕鬆選購，因此積累大量穩定客源同時亦能夠不斷吸引新客人。再者，網店的其中一個好處便是能夠隨時更新價錢而不用通知消費者，能夠方便進行減價／清貨等各種優惠吸引人流，這樣的做法令客人更傾向使用網店瀏覽資訊，而非親自詢問，減少不必要的時間。

Facebook 粉絲專頁及網店各有好處，但是網店是一個能夠持續性進行而且能夠獲得收益的做法，彌補著實體店的缺點，因此必須兩者全用才能夠帶出雙重效果。

65. 香港客人越來越心急

　　不知道大家有沒有留意自己對於網頁在某方面有些「執著」？在瀏覽過程中或許已經顯露出來，但你渾然不知？有沒有發現大家很抗拒需要繁複步驟的點擊或需要輸入過多資料？所以當大家看到這些點擊按鈕及資料時會選擇離開；這樣的心態正正反映出香港客人越來越心急，特別是潛在消費者在瀏覽過程中若然看到過於繁複的步驟，無形中便會失去消費意欲，以致失去客戶。

為什麼說客人心急？

　　不單止是客人，每個人也會有這樣的心理。心急、嫌麻煩。試想想當你在看一篇文章時，看到一半卻需要登記註冊或讚好才能夠繼續閱讀，你會選擇離開還是依照網頁的指示呢？（蘋果新聞便是一個好例子）相信大部份人也會選擇離開頁面，因為這些步驟過於繁複，對大部份人來說，為了一篇文章輸入資料或讚好是不必要的行為，因此不少人會嫌麻煩退出網頁，令到網頁跳出率上升。

降低跳出率

　　除了網頁內容沉悶、網頁載入時間太長等等原因令跳出率增加外，沒有一個好的 Landing Page(登陸頁) 同時也會令網頁跳出率上升。Landing Page 在 SEO 是一個極其有效提高轉化率的技巧同時能降低網頁跳出率，因為 Landing Page 能夠快速讓客戶有行動意欲 (Call To Action)，例如當點擊網頁後，你可以很快看見一個按鈕是開始／免費試用／加入我們／點擊購買等等字眼，相當清楚表明著無需輸入過多資料便能夠體驗或進行消費，才能夠令瀏覽者留下；而當點擊後登記資料，瀏覽者能夠獲得相等的資訊，才能夠令他們產生好感。

　　可能大家會疑惑我剛剛才說輸入資料是很多人也會覺得麻煩的事，為什麼現在卻說沒問題呢？大家要分清楚兩者輸入的意味，前者我以看一篇文章而要登記，後者是完全獲得資訊的登記，兩者大大不同，因為價值可以看得出是後者較高；每個接收者也會希望當完成登記等步驟後獲得大量資訊，而非單單一樣事情，因此 Landing Page 是一個需要簡而精的畫面和實用性才能吸引潛在消費者。

SEO 秘技 100 招

高的轉化率

要令轉化率持續增長，便是減少步驟。不少網頁在 Landing Page 是需要瀏覽者／潛在客戶輸入個人資料／打電話而致取得資訊，而這樣的做法會令不少人感到麻煩，因此想提升轉化率便可以選擇安裝即時通訊軟件，例如：WhatsApp ／ Facebook Messenger 等等，能夠減少時間在輸入資料而是直接互動，這樣的做法不但能夠令自己的公司查詢大增，甚至也會增加生意。

66. 如何製作一頁SEO Friendly 的登陸頁

　　一頁好的 Landing Page(登陸頁) 不但能夠提高網頁轉換率，甚至能夠與潛在消費者互動；那麼怎樣製作 SEO Friendly 的 Landing Page 呢？是該包含很多元素嗎？還是精簡呢？其實所有製作也是取決於你網頁的設計及意圖，但一些基本的要點是必需要有的，接下來我將會說出基本要點讓大家好好掌握如何製作好的登陸頁。

額外優勢的 URL

　　大家可能會認為不需要理會 Landing Page 的 URL 及關鍵字，並非如此。一個自定義 URL 能夠將 Landing Page 發佈到自己的 Domain，當別人搜尋頁面關鍵字時，能夠獲得排名提升的優勢。

額外優勢的關鍵字

　　關鍵字同樣如此。長尾關鍵字比短尾關鍵字更容易管理，並且常常產生更高的 ROI(Return On Investment 投資回報率)，因此當設計出 Landing Page 時把關鍵字衡量地放在 Title Tag、Meta Description、Header Tag 及 Image File Names，擺放位置恰當，SERP 自然比其他人領先。

吸睛的標題

　　若然文章標題需要 100% 的吸引力，那 Landing Page 便需要 200%。這個頁面的存在需要別人呼籲行動 (Call To Action)，不論是註冊／試用／購買，只要別人肯停留在網頁並有一下步的動作才是好的 Landing Page；而標題正正是必需讓人能夠有行動的意欲才代表成效。

多媒體的說服力

　　對於只有文字的 Landing Page 缺乏了一種趣味，添加了圖片或影片便能夠令畫面飽滿。圖片及影片必須符合公司品牌形象，讓人對公司產生印象；不同的元素對於頁面也會有不同的效果，平面

化設計最為受歡迎，不但節省網頁加載時間，而且可以加速讀者接受訊息的時間，不會令人過目即忘。

文案內容

文案內容絕對不能忽視。最需要文案的網頁大部份是推廣服務、產品以及遊戲。不同的內容需要不同的語氣，例如比較昂貴的家居電品需要專業的用詞帶出說服力吸引人購買，帶出高科技及先進的感覺。撰寫文案需要了解自己的目標客群是誰、自己能夠提供什麼樣的價值或利益等等，不需要自誇自播，但必需理解客戶的需求，才能夠帶來生意。

減少不必要的步驟

網頁必須了解人群心理，讓他們先建立興趣，進而才讓他們提供資料，若然急於求成，便會造成反效果，不單止令人們產生反感，也失去忠誠的客源。Landing Page 的技巧越說越多，大家在設計時應該先了解網頁的方向是想怎樣，不要人云亦云，否則只會適得其反。

67. On Page vs Off Page SEO 的分別

經常聽到 On Page SEO 跟 Off Page SEO，這篇文章就跟大家談談它們兩者的分別。On Page 是指能夠在自己的網站內設定的 SEO 技巧，而 Off Page SEO 則是指自己不能完全控制的部份。

On Page SEO 優化

On Page SEO 大多是頁面優化，透過優化頁面提高 SEO 排名並帶給用戶更好的體驗。在這 100 篇文章中，我提及的優化技巧大部份也是關於 On Page，無論是內容、關鍵字、頁面、網站結構等等也是屬於優化網站內部，從而令自己的網頁的排名變得更好。

Meta Tag 優化：

Meta Tag - Title Tag：

不同的標題能夠帶來不同的效果及客群，最常用的手法是以誇張及解決問題性質作為標題，吸引點擊率。Title Tag 不能夠太長，因為 Google 只會顯示出 10-15 字的標題，因此標題最好能夠在 10 個字內表達出意思並且切合網頁內容，才能夠真正的吸引流量。

Meta Tag - Heading Tag：

在 HTML 中，最常用的 Heading Tag 是 H1 大標題及 H2 小標題，標題中的語法亦分主要性及次要性。H1 必為主要，H2 為次要；H2 主要被利用成長尾關鍵字。請把同一個概念的關鍵字都放在 H1 及 H2。

Meta Tag - Description Tag：

搜尋結果敘述的大綱。用戶透過大綱知道網頁內容的大意再選擇點擊閱覽全部。Description Tag 的內容可以看到相同的搜尋字眼，所以網頁內容關鍵字多，在 Descrpition Tag 便可以好好利用，增加網頁曝光率。

圖片 ALT 優化：

設置圖片 ALT 可以令 Google 快速有效地理解圖片意思。同時，圖片的檔名也十分考究，不是使用 IMG1233.jpg，而是用 fatboyeatingice-cream.jpg，可以清楚表達圖片意思，有效輔助搜尋引擎的了解。

SEO 關鍵字優化：

在文章開端時已經需要加插關鍵字優化 SEO。因此關鍵字頻率要高而充滿變化，以不同的字詞作出配對但同時能夠帶出相同的意思，提升質量內容而吸引用戶繼續閱讀。

SEO 內容優化：

取決於網站的性質而撰寫不同的內容，例如顧問公司便需要以專業的語氣分享客人的例子以吸引潛在客戶，網頁製作教程多為教學文章為主，美容行業便是效果對比的內容等等，注意要提供原創的內容。

Off Page SEO 優化：

通常是不能夠控制的範圍，只能夠加以觀察，多數為把自己的文章發佈到外來的網站，再加以 Backlink，讓自己的 Backlink 添加同時有效地提升 SEO 排名。

68. 網站上的舊文章該如何 處理？

我經常說網頁不斷加入文章能夠提升 SEO 排名，而 Blog 便是不少網站使用的技巧；但是日積月累，文章過多，舊的文章該如何處理呢？是要刪除還是置於不理？舊文章還有任何意義嗎？你可能也會想到這個問題，以下我將會說說我自己在處理舊文章時的做法，讓大家作為參考。

評估文章內容

我先會作一番評估才決定保留與否。評估時，我會想想文章對用戶是否有益。內容是否有益、信息是否豐富有趣、能否解決他們的問題等等。例如我的 Blog 會寫出 SEO 不同的教學，但或有舊文章已經過時，即 Google 已經不會根據這些事而提高 SEO 排名，代表我可以刪除這些舊文章，因為已經沒有任何價值。

除此之外，文章內容的相關性及產生的問題也是其中考慮因素。內容與自身的網頁、行業及客戶有關便需要好好保存，但若不具備上述任何一項條件，那麼便不值得繼續擁有。

在產生問題方面，有些文章可能包括重覆內容、重覆目標、抄襲成份、涉及法律問題等等，便需要針對產生而出的問題進行評估，針對內容的實用性及原創性進行刪除，畢竟 SEO 對文章原創性十分執著，即使繼續保留也是無利可圖。

言下之意，是將舊文章全部刪除嗎？

不是，是需要將文章評估再刪除。並不是所有舊文章沒有價值，因為舊文章的價值歷史夠長，接觸的人數必比新文章多，而當你完成評估後，必定還有文章留下，那麼根據這些文章，我們可以透過改進、擴展、更新甚至推廣它們，以最大限度地利用這些價值。

改善

當你開始著手改進一篇架構完整的舊文章時，可以從目標定位、寫作技巧和語法方面入手改進。確保文章有明確的觀點。針對特定主題，使用與網站相配的語氣，嚴肅時嚴肅，輕鬆時輕鬆。

當內容處於良好狀態，一些技術改進也需要注意，例如：相關的連結、圖片 ALT、Schema Markup、使用的符號等等亦會影響用戶體驗，因此可以進行美化以使內容變得吸引。

擴大或更新

將舊文章獲得更多價值需要重新定位或更新它們的信息，令內容變得新穎，在更新過程中可以探索初代文章的看法及觀點，再更新及添加一些媒體擴展內容，使內容更多元素。

推廣

在內容創建和優化方面得以改善後，可以通過不同的方法進行推廣。透過網絡社交平台分享，將文章重新放到 Blog 的首頁和通過外部連結進行外部宣傳，使內容接觸層面更為廣闊，獲取最大的價值。

舊文章的價值重新獲得成功，是需要時間的。所以大家不用急於在短時間內整理所有舊文章，Google 也需要時間整理更新內容的相關性及排名，無須過於緊張。

69. 利用 Google Trend 做好 SEO

　　Google Trend 是 SEO 中最有用的工具之一，關鍵字作為出發，查看不同的趨勢及相關元素，以下有 5 個技巧是在 Google Trend 中必須要知道的要點。

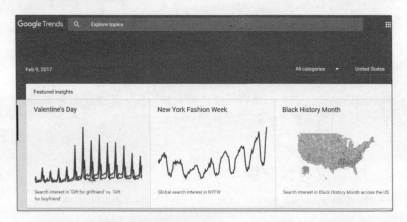

1. 觀察大量關鍵字的流量

　　Google Trend 提供流量水平的可視化比較，不會確切地顯示出流量，但會顯示相對數量，大致呈現流量範圍，讓你了解使用那麼關鍵字才比較好。

　　那麼要怎樣才獲得準確的數據呢？是不可能的，只能夠顯示大略數據，但根據數據可以自行調整關鍵字的變化，能夠隨時變換。

2. 洞察內容行銷

　　查看關鍵字數據有兩種方法，一種是長遠，另一種是短距。長期趨勢能夠設置 Google 5 年前的趨勢進行分析，對你展示受眾趨勢相當有價值。

> 長期上升趨勢 ：一個趨勢正在上升，意味著為這個趨勢創造內容，能夠吸引瀏覽者。
>
> 長期下降趨勢 ：瀏覽者所留意的內容正在產生變化。

洞悉內容行銷有著長遠的目光幫助決定未來方向及理解重點；一個產品正在走下玻便需要考慮將內容資源轉移到另一個主題或產品，甚至完全改變內容。

3. 短期的觀點見解

在短時間內查看關鍵字趨勢。例如查看 30-90 天，可以為最大化內容行銷提供有價值的見解。除了查看趨勢外，也需要計劃發佈內容的時間表。當你的內容目標是帶有營銷性，那麼便需要了解受眾人群／普遍人群上網的時間情況，再而發佈內容，從而令內容觸及率較高。

4. 按類別分類關鍵字

根據類別縮小關鍵字範圍，以提供更準確的關鍵字數據。

Google Trend 不單止是在 SEO 相當有價值，對於不少人營運專頁／網頁時也會透過 Google Trend 的取得撰寫內容的方向；關鍵字不斷轉變，因此把 Google Trend 活學活用必能夠為 SEO 帶來好處。

70. 在那裡可以看到 Google 最新的 Algorithm Updates

　　Google 每年也會不斷更新 Algorithm，我們必需跟蹤這些更新去優化網站。通常我們會留意 Google 一些重大更新，從而想出 SEO 策略。那麼該在那裡看呢？以下分享幾個我最常查看的途徑，大家日後便可以自行查閱了。

1. Search Engine Journal：History of Google Algorithm Updates

　　這個網站能夠查看 Google 主要的算法更改、更新名稱、日期和影響。從 2003 年直至至今也能夠查看，內容豐富，含有外部不同的連結分析，令你更深入地了解這些變化。

　　網址：https://www.searchenginejournal.com/google-algorithm-history/

2. MozCast

　　以天氣報告的形式提及一個溫度表，接示 Google 算法在過去 30 天裡每 24 小時的運行程度，過熱和風暴意味為 Google 排名變化無常。

　　網址：https://moz.com/mozcast/

3. SEMrush Sensor

　　雖然名字是打著 SEM，然而他的功能性也有利於 SEO。在裡面可以按設備、SERP 特性和位置以排名變化，甚至以桌面電腦及手機分成 20 多個類別，能夠清楚顯示出變化。

　　網址：https://www.semrush.com/sensor/

4. RankRanger Rank Risk Index

　　RankRanger 每天監測超過 10,000 個域名和關鍵字，以確定排名模式並且跟蹤 Google 在桌面電腦及手機搜尋結果的波動性。

　　網址：https://www.rankranger.com/rank-risk-index

S E O 秘 技 1 0 0 招

5. Panguin Tool

這個免費 SEO 工具使用各種過濾器將已知的算法更新覆蓋在
Google 分析數據之上，令分析變得輕鬆。

網址：https://barracuda.digital/panguin-seo-tool/

更新算法後，我應該要立刻作出行動嗎？

非也，非也。我先前也說過 Google 每天也會進行更新，若然
當他每天更新一次你豈不是要修改網頁一次？不需要的。不要過於
緊張，耐心地收集數據；應該先觀察實際上是否受到 Google 算法
的更改影響，而非自身問題。根據自己的需求調整 SEO 策略以及
閱讀更多可靠的資源，令自己對 SEO 有著不同的見解，才不會容
易被受影響。

71. 鮮為人知的搜尋器統計數據

眾所周知，SEO 主要的目標是增加網站或網頁的流量，但要令到 SEO 成功，除了時間的磨練，技巧上的進修，也需要研究不同的數據以至令成效更為顯著。接下來我將有 6 篇文章講解 SEO 在 2019 年的統計數據，能夠幫助大家對搜尋器和 SEO 有更多的理解。

這篇主講一般搜尋器的統計，讓大家作為參考。

1. 2018 年，Google 在所有桌面搜索中佔 73% 以上，即基本上已經成為全球 Search Engine 的最大贏家，從 2018 年 1 月至 12 月，73.28% 的桌面電腦和手提電腦也是用 Google 進行搜索。除了 Google 外，在中國的百度 (Baidu) 是為全球第 2 歡迎的搜索引擎，而 Microsoft(微軟) 所經營的 Bing 排名第 3。

2. 96% 的移動搜索流量是使用 Google 完成的。移動搜尋引擎優化統計顯示，使用 Google 搜尋在智能手機用戶中更突出。而 Bing 亦是大家常用的搜尋之一。

3. 70-80% 的用戶忽略贊助搜索結果。表示大部份用戶對廣告中的品牌感到不信任，因此，做好自己網站的 SEO 排名比付錢給 Google 賣廣告好。

4. 93% 的用戶在線體驗始於搜索引擎。大家在訪問網站前都是從搜索引擎開始的。

5. 60% 的用戶點擊前 3 個搜尋結果中的一個。

6. 50%的搜索是四個單詞或更長，這也是長尾字的重要性。

7. Google 的算法每年變化超過 500 次。在前文亦有提過，Google 基本上是每日也會進行更新，而更改 Algo 令 Search Engine 變得更完善。

8. 平均而言，排名前 10 的網頁的平均有 1000 多個字。即超過 1000 字的內容比短的內容更有可能獲排在 Google 的第一頁。

72. 關於本土的搜尋器統計數據

1. 每 5 個消費者便會有 4 個使用搜索引擎查找本地訊息。**75%** 的消費者會利用手機、電腦、平板電腦搜索本地商店、活動和地點。

2. **50%** 的移動用戶在進行本地搜尋後訪問商店。每天必定會有用戶進行本地搜索，而他們的搜索目標是找尋附近的位置居多，從 Google 的搜尋結果中，可以找到商店的地址，營業時間等等。

3. **54%** 的消費者在當地信息中搜索營業時間。除了營業時間外，消費者亦搜尋當地商店的地址以及想了解更多關於商店供應的信息。

4. **51%** 的智能手機用戶通過搜尋發現新公司。超過一半的智能手機用戶在網上搜索其他產品時發現新的商店或產品。

5. **53%** 的智能手機消費者在家中搜尋本地信息。即使大家有著電腦但亦會選擇手機搜尋，因為方便一機在手；除了在家中，51% 的用戶在乘搭交通工具時也會進行搜尋。

6. **46%** 的 Google 搜索是本地搜索。搜索引擎優化統計數據顯示，46% 的 Google 搜尋都有本地地理參數，因此優化商業網站的重要性是相當重要的。

7. **88%** 的消費者信任在線評論和個人推薦。有正面的在線評論絕對能增加人流及流量，不單止適用於網上商店，也適用於實體商店。

8. **82%** 的消費者尋求負面評價。大家喜歡尋找負面評價是因為覺得一間公司不會有完美，負面評價其實是吸引用戶點擊率。

9. **53%** 的 Marketing 同事指 Blog 是他們的主要任務。表明著 Blog 是不會減脫潮流，是會一直存在。

10. **18%** 的本地搜尋導致購買。將自己的網頁做好 SEO，能夠讓人搜尋到自己的商店資料，而相配的消費者絕對會產生消費欲。

73. 3 個 SEO 小 Tips

　　SEO 是最強的網絡行銷方法，正正因為它的算法日日也有所改變，因此 Google 並沒有確切地說明如何對網站進行排名。不少 SEO 的專家也會提出不少理論、策略、測試並發明方法來吸引用戶的注意力。這篇簡單講解 SEO 統計和小提示，讓各位重溫。

1. 82% 的營銷人員注意到搜尋引擎優化效率的提高。說明著當 SEO 優化後，有效性顯著提高，網頁流量人流增加，生意額上升。

2. 使用新的圖片和更新舊文章的內容可以使 Blog 流量增加 100% 以上。Blog 可以通過簡單地更新他們的舊文章和搜尋引擎優化豐富的內容和新圖片來產生更多的流量。

3. 加插關鍵字在外聯郵件 (Outreach Email) 能夠將回應率提高 45%。哈佛大學的一項研究表明，只要在你的外聯郵件添加字眼能使回覆率提高；而這樣的做法是因為有心理效果，讓標題更為吸引，使別人不會過於忽略郵件。

74. 關於社交媒體 SEO 的統計數據

想要 SEO 成功，Social Media(社交媒體) 的協助功不可沒。優化 Social Media 的內容絕對會令網頁更上一層樓。因此這篇是簡單講述 SEO 和社交媒體的趨勢，讓大家除了注意自家網頁外，在社交媒體上也需要花一點功夫。

1. SEO 對 YouTube 視頻很重要。在 Forbes 的搜尋引擎優化統計指出 Youtuber 對搜尋引擎優化的重要性。為了增加 Google 將他們的視頻作為關鍵字搜尋的首要，在視頻中應該添加有內容的文本描述，至少也要 200 字，並且需要包含常用關鍵字；其實 Google 一直透露著他們十分喜歡影片，在搜尋結果中也不難看見，YouTube 的影片的排列往往都會比網頁更前，由此利用 Youtube 影片作為宣傳途徑是值得一試。

2. 熱門度／趨勢較高的影片平均長度為 14 分鐘和 15 秒。根據 2018 年搜索引擎優化統計指出時間較長的影片比短的影片趨勢較高，而且在排名上也屹立較長時間。對於影片的 SEO 來說，評論是其中一個很重要的元素，代表著人流的停留率以及影片的吸引度。

3. Reddit 的重要性。Reddit 搜尋對於任何想要改進 SEO 的人來說都是不可缺乏的資產。在 Reddit 裡面，你可以盡情瀏覽，搜索，了解自己需要的主題甚至發掘有趨勢潛能的關鍵字。

4. 免費的搜尋引擎優化分析工具。對於新手來說，很多人都不太相信自己的方法是否正確，產生疑惑，其實在網上有很多 SEO 分析工具，Google 自家的 Google Trend，Google Analytics 等等的工具亦有很大的幫助。通過這些分析工具，至少能夠清楚自己基本需要改進的內容。

75. SEO 與網站速度

　　一個緩慢的網站可能會破壞用戶的體驗，而訪客的跳出率便會影響網站的排名。以下的數據是指出 SEO 和網站的速度是帶著很大程度上的相關性。

1. 在搜尋結果中排名第一的網站的平均加載速度為 1.9 秒。能排名前列首要條件便是加載速度必須快。排名在 10 及以下的網站通常加載速度慢 17%，事實證明，投資基礎設施與搜尋引擎優化同樣重要。

2. 平均手機頁面加載時間 22 秒。在 2017 年，SEO 統計數據顯示，手機頁面平均加載完整需時 22 秒，這樣的時間對於網站管理員是毀滅性的，因為大部份用戶在點擊網頁後等待的時間若超於 3 − 6 秒已經會跳出，不會繼續停留，時間過長不但令到網站質素下降，也影響用戶的體驗，因此隨著 2019 年的算法改變，Google 確認頁面加載速度為排名的主要因素之一。

3. 如果加載時間超過 3 秒，53% 的用戶將離開頁面。根據 Google 的數據，53% 的用戶會放棄需要 3 秒鐘以上加載的頁面。與那些只需不到 5 秒就可以加載的頁面相比，需要 10 秒就可以加載的頁面反彈率高出 123%。

76. 從統計數字找出未來的 SEO 策略

SEO 的實際操作都是有根據的猜測，但有些事實是不能否認的。來到最後一篇的 SEO 策略統計，一起重溫各種事實吧。

1. 第 1 頁搜尋結果的網頁連結數量為第 2 頁結果的 6 倍。2018 年搜尋引擎優化統計的趨勢指出網頁上的連結越多，網站的排名越高；而前 10 個結果的連結數量通常為第 2 頁的 6 倍，說明著連結為排名帶來極大的優勢。

2. 影片縮圖可以令搜尋流量翻倍。視覺元素是任何網站成功的重要之一，而有影片的頁面通常會導致 Google 提取縮圖並將其顯示在結果旁邊，使頁面與人群分離，在某些情況下會導致搜尋流量翻倍。

3. 根據 WiredSeo 的統計，在 2017 年的搜索中，有 23.5% 的人點擊了第一個結果。然而這個數量是有所下降，因為在 2015 年第一個搜尋結果有 28.6% 點擊，即是排名第一也並非唯一重要的事情。

4. 只有 7% 的用戶會進入搜尋結果的第 3 頁。儘管排名第 1 並非最重要，但是將頁面放在前 2 頁中的其中 1 頁是相當重要的，我曾經說過對於用戶基本上不會點擊第 2 頁打後的頁數，特別是資訊較多的行業，因為在頭 2 頁已經找到自己想要的訊息。

5. 優化語音搜尋。當有了語音搜尋後，基本上所有年齡群組的人也會使用 Google 搜尋，這種趨勢會一直流行，因此到目前為止，基於這個搜尋方法的設備已經發佈了幾十種，將來也會有更多。而 IOS 和 Android 的手機亦大大改善了語音搜尋功能，代表著語音搜尋的普及化。

看完這 6 篇後，大家可能會覺得 SEO 的數據很浮動，捉摸不到。是的，SEO 是一種很複雜的事情，正因為如此，我們便要不斷嘗試、發掘、測試等等，以了解 SEO 更多的信息。

77. 蠱惑 SEO -
透過提升 CTR 提升排名

　　所謂蠱惑 SEO，即非完全白帽 SEO 的做法，其中的小技巧能夠有效地幫助提升排名。一定會有人問：你不是說我們應該要做白帽 SEO 嗎？白帽 SEO 當然可以做，但非常時期用非常手法才能夠令你的網頁比別人優勢！因此這些手法也是根據你個人偏好選擇使用與否。蠱惑 SEO 技巧一共有 4 篇，這篇是講解透過提升 CTR (Click Though Rate) 從而提升排名。

　　我所講解的做法都是我個人親自嘗試過的，大家不妨也可以跟著試試。

　　CTR 點擊率，它是 Google 衡量你的網頁是否「有料」的其中一個重要數據。舉個例子，當一個人輸一關鍵字，而你的網址出現在 Google 的搜尋結果上，不論排名多少，也算是出現了一次，即一次 Impression。如果你出現 100 次，才有 1 個用戶點擊你的網址，那麼，CTR 會是等於 1%。基本上，如果 CTR 越高，那麼便可以令 Google 相信你的網頁較其他低 CTR 的「有料」，進而能提升排名！

　　當你明白到這個計算方法後，你可以請你的朋友，先在 Google 輸入你的目標關鍵字，然後找出你的網址，進行點擊，然後停留 3 分鐘左右才離開。那麼，你的網站便會獲得很好的分數，並且大大提高你排名更高的機會。

　　正如你所看到的，當你理解 Google 的算法時，你可以使用一些「古惑」，能為自己的網頁發送強烈的信號讓 Google 知道。

78. 蠱惑 SEO -
這些字眼特別能提升 CTR

上文討論過透過提升 CTR (Click Though Rate) 從令排名上升的方法,簡單來講,是叫朋友幫手搜尋出你的網址,然後點擊及停留,向 Google 製造數據。但你的朋友不可以能無限多吧?這篇文章會講一下如何在標題上做一點手腳,吸引其他瀏覽者點擊。

在 Title (標題標籤) 上我們會使用一些特別的字眼令自己的網頁獲得更多流量;而外國 SEO 專家 Ross Hudgens 進行了一個實驗,發現排名較前的網頁傾向於在標題上使用以下 7 個詞語,以吸引用戶的點擊。

Title Tag 的有效長度為 64 個位字元組,漢字則 32 個字。但很少人會把所有字數全部用掉,因為大家都知道標題太長根本沒有人會完全看完,而短的標題即使字數少,不夠吸引力也會被瀏覽者忽略,那麼在標題上,我們應該加什麼字呢?

「今天」、「馬上」、「快速」、「容易的」、「簡單的」、「新的」、「X步」這7大詞語便是標題殺手,可以較高機率吸引瀏覽者。由這 7 個字眼,你可以看到都是都市人最喜歡的事情,即時性。都市人生活急速,特別在香港,相信大家身同感受,而我們當然希望內容的資訊可以很快地指明解決問題的方法/提供有用的內容;下次要設計網頁標題時,不妨參考以上的方法。

79. 蠱惑 SEO -
關鍵字抽水實例

　　有一些關鍵字是對手獨創出來的,例如會計妹的「一蚊開公司」、資訊科技署的「科技券知多啲」、ERB 課程的「初級網頁設計員證書課程」。這些關鍵字多數會在其他媒體做宣傳,吸引不少有搜尋。當客人搜尋時,對手會排在第 1 頁,但原來這是做 SEO 的好機會。

　　為何說是好機會呢?舉個例子吧,例如會計妹的「一蚊開公司」,是很多人也會聽過的標語,同時,亦有很多人會在 Google 搜尋這句,但由於它是會計妹創作出來,所以,Google 第一頁中只有第 1、2 位是會計妹,其餘的名次也是沒有跟這關鍵字有太大關聯的。所以,你只要寫一篇關於「一蚊開公司」的文章,例如,「一蚊開公司真的可以嗎?」又或者你把「一蚊開公司」放在網頁上,很快便可以排到第 3 位,是不是很容易呢?

　　這個方法是借助對手的宣傳,同時利用 Google 就算沒有合適的搜尋結果,也要選出 10 個最相近的網站放在第 1 頁的漏洞。大家不妨試試!

80. 蠱惑 SEO - 先取易，後取難

　　SEO 的競爭性很大，畢竟很多人都對關鍵字進行排名。大家也在爭一些短尾關鍵字排名，往往忽略了其實長尾關鍵字也具有很強的競爭力，除非你們能夠花幾個月的時間優化內容，否則很難為短尾關鍵字排名。與其追尋一些不可能達到的事情，不如嘗試長尾關鍵字的 Low-hanging fruit 技巧吧。

　　Low-hanging fruit 字面意思是掛得很低的水果，但在商業用語是「輕易達到的目標」，我們為了先從低難度入手，便需要縮小範圍。

　　這個先取易，後取難的 SEO 策略是這樣的：先集中火力做很多長尾關鍵字，例如 20 個左右，等不少長尾關鍵字也能取得相當名次後，才轉做短尾。這個方法的好處是，長尾較短尾易做很多，取得排名的時間較短。

　　舉個例子。最初我的目標關鍵字是「SEO 課程」，這個短尾競爭不少，為了盡快能獲得自然人流，我決定先做容易的長尾，例如：「SEO 課程香港」、「SEO 課程學費」、「SEO 課程最好」等等，最後才專攻「SEO 課程」。

81. Hilltop SEO 技術：在網頁上連結到比你內容更豐富的網站

之前提及過 Google 兩大演算法「Penguins」和「Panda」，都是 SEO 排名的核心演算法，而除了這 2 個之外，其實 Hilltop 也是主要演算法之一。今次介紹的 Hilltop 往往會被人忽略，但事實上它在搜尋引擎中仍然發揮著極大的作用。

Hilltop 演算法

Hilltop 主要是計算網頁上有多少條連結，到一些專家網頁。所謂專家網頁，是該網頁有著非常多關於目標主題的資料。

連結數量 VS 連結質素？

或許大家會對這個技巧有所疑惑，超連結是要質素為先，還是數量為先呢？其實兩者並存一點也不難，畢竟你的連結不會只有一個頁面，需要在網頁上不同的內頁放上。對於不同的頁面，放上不同的連結是常識吧？那麼該如何選擇連結放在頁面呢？這便是取決於你想要那一頁成為中心。

連結的頁面往往反映網頁的主題

例如我是關於政府資助顧問的網頁，我便會拿政府官網、政府資助的新聞、成功個案等等放在我的網頁上，以加強權威性；把多人注意的政府資助，放在自己網頁相關的資助頁面，連結優秀資源的頁面將自己建立為有用內容的中心，而非只是單單用自己的文字說出，而是有政府及不同的新聞支撐。

Hilltop 由此始終是以權威性作為出發點，在網頁上連結到比你內容更豐富的網站並不會被其網站掩蓋，只會讓人覺得你更有說服力，而只要網頁的權重變高，排名自然提升。

82. 如何在 Wikipedia 找到更多關鍵字？

有想過除了使用 Google Keyword Planner 找到關鍵字之外，還有其他方法找關鍵字嗎？有沒有想過 Wikipedia(維基百科) 也是一個好方法呢？而且發掘的關鍵字更可能是你競爭對手不知道的。

Wikipedia 的力量相信大家眾所周知，它與 Google Keyword Planner 不同的是，能夠讓你發掘更多不同的主題內容，以至令你內容的關鍵字與主題更密切。

有何不同？

以 Keyword Planner 為例，他是以數據式的收集方法收集瀏覽者最常搜尋的結果，例如當你打美容，會出現美容院、美容招聘、美容推薦等等，純粹以多人搜尋作為中心點出發，而非關於服務內容的關鍵字；但 Wikipedia 卻會顯示出關鍵字周邊的其他概念，讓你能夠找出與自己行業相關的詞滙。

在 Wikipedia 找關鍵字？

其實做法相當簡單，相信大家也做過，但可能在設計網頁時便會忽略了這個想法。當打開 Wiki 後，在搜尋欄打上某一個關鍵字，便會出現各種不同的內容，讓你慢慢研究。

以「美容」這字作為例子，在 Wikipedia 可以看見不同的美容項目，除了基本的臉部療程外，一些按摩療程也是屬於美容的一種，而你可以在 Wiki 裡點擊這些字眼以獲得自己想要的關鍵字，為自己的內容增加不同類型的名詞。

83. 究竟一篇文章要幾長？

究竟一篇文章要有多少字呢？這是很多同學想知道的。只要你細心觀察一下，你便會發現而大多數排名較前的文章，必定是長文章而且字數一定會過千，甚至接近 2 千字，看到這裡，相信大家也明白排名較前的文章是必須要多字，而這樣的說法是相當有根據的。

根據 Baklinko 的 Google Position 研究，他們搜集了幾乎 100 萬個 Google 搜尋結果以作統計，而排名第 1 至第 3 名的文章字數都破千，為 2 千字不等，由此可以證明著這些文章字數是 Google 其中一項排名準則。

那麼字數多是否真的有效提升排名呢？是的，至少你為自己增加了競爭性而非默默無名，一篇長的文章不但字數需要過千，內容亦必須有資訊性，能夠為瀏覽者帶出不同的信息，令到他們能夠從中獲取資訊。

試想想，有一篇只有 350 字與 2000 字的文章，所帶出的內容也徹然不同；長的文章能夠提升公司的可信形象，同時可以增加網頁的瀏覽時間，這正正向 Google 傳達一個信息，就是這個網頁十分有用，同時受人歡迎！

SEO 秘技 100 招

84. 用 Emojis 提升 CTR ？

相信大家也知道 CTR(Click Though Rate) 對 SEO 的重要性，那要怎樣能夠從中突圍而出呢？其實方法很簡單，但大家或許並沒有太大意識，但當你用了這個方法後，相信無論是瀏覽者或客戶也會對你有所印象，甚至增加點擊率。

為何低點擊率？

點擊率是指看到你的廣告然後實際點擊的百分比；低點擊率通常反映了沒有引起消費者共鳴、圖象設計不好、目標定位錯誤等等。而為了讓自己的點擊率不會再慘烈下去，你除了改善文案內容，最簡單的方法便是「利用 Emoji」。

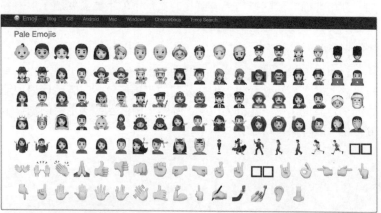

為什麼要用 Emojis ？

讓自己的品牌／網頁／郵件等等變得有趣不嚴肅。Emoji 是一個十分人性化的工具，在日常生活中傳訊息時基本上離不開它，而且 Emoji 每一年也會有新的符號增加，漸漸地取代單詞，這完全證明了人類對於圖像的喜愛程度遠及於純文字；加上 Emoji 的圖像「貼地」且多元化，更深得人歡心。

那我只用 Emoji 組成句子比純文字更吸睛嗎？

希望大家要明白「平衡」的重要性，不是所有工具用得越多越有效；假若我標題全用了 Emoji，你們真的會看得懂嗎？又真的會花時間去解碼嗎？相信並非每個人也會有那麼多的心機。用 Emoji 只是為加強語氣，而且比起一大堆純文字的郵件能夠脫穎而出。試想想當大家都發出減價信息，但你加上 Emoji，為信息添加色彩及圖像，不是更為吸引嗎？當然，你必須使用正確的 Emoji 去加強信息的「魅力」，例如在情人節時發出優惠信息時，可以使用一些「唇印」、「心心」、「花朵」這類型的 Emoji 吸引消費者，而非使用「笑喊嘴臉」、「聖誕老人」、「外星人」等等的 Emoji，不能夠看見圖像有趣便使用，這樣只會令人混亂，而且毫無意義。

Emoji 的多用途

其實不單止是在傳信息或在宣傳方面使用 Emoji，在社交平台上發佈帖子時同樣可以使用，而且亦可以增加轉換率。你常常看到不同的專頁會使用一些 Emoji 以吸引別人點擊全文，Emoji 便是一個這麼神奇的東西，事實上所有人也會比圖像吸引；而發佈帖子時用上 Emoji 能夠顯得整個畫面豐富起來，不會那麼單調。

其實 Emoji 用途廣泛，相信大家也不會對它有所陌生；我想帶出的重點是希望大家在設計標題時，或許可以使用 Emoji 為自己的標題脫穎而出，減少消費者直接無視訊息的悲劇。

SEO 秘技 100 招

85. 自己讚自己有用嗎？

客戶常常在搜尋欄搜尋東西時會輸入：最平、最正、最強等等字眼，希望獲得最好的搜尋結果，而我之前提及過應根據客戶常用的關鍵字嵌入文章內容，但輸入這些「自誇」字眼是否真的可以呢？是否真的有用呢？當然可以！但，這些自誇自擂的字眼，要有技巧地出現。

我想說明一點，就是客戶輸入的關鍵字，是他們渴望找到的，例如「最好」、「最平」、「免費」等等，但偏偏網頁又很多時沒有出現這些字眼，所以，如果你能故意地安插這些字眼，SEO 效果會不錯啊！因為只要沒有其他對手做，只要你一做，便能取得不錯的排名。因為 Exact Matched Keyword 是 Google 最基本的演算法啊！

好，問題是我該在那裡安插這些字眼呢？我有兩個常用的地方，可以給大家參考。第一個是圖片的 ALT 位置，因為這個位置不會直接顯示出來，所以你可以大膽地安插關鍵字。另一個位置是客戶的評言。例如：「David 整手機真係好快！平靚正搞掂！」這些評價在無形中會為自己的網頁推得更前！

香港網頁很少會寫客戶評語，可能是文化關係。但如果你的產品服務真的不錯，我覺得不妨把客戶的評語放在網站上，增加提升排名的機會。

S E O 秘 技 1 0 0 招

86. 真心 Share 文章怎樣寫？

　　常常在論壇或社交平台上也會看到一些「報告文」，所謂報告文便是客戶購買產品後或惠顧店家後的報告。而這些報告文在 SEO 稱為「真心 Share」，大多以第一身客戶角度去寫，雖然和客戶評價同一性質，但是篇幅較長而且內容也為個人感受較多，因此深受歡迎。那麼這類文應該怎去寫呢？以下我以一個例子讓大家更易明白。

「打手文」

　　其實這類文章在香港有一個統稱叫「打手文」，但是這個文章更為高階，因為不會直接說出公司的全名，而且較難易讓人發現是我們自己做宣傳效果。為了讓內容更呈真實性，必須用廣東話講出個人問題、購買前後的經驗、尋尋求服務貨品的過程、內心的比較、個人的選擇等等，才能夠讓人信服。

例子：牙科診所的真心 Share

　　「一直都好想剝左粒智慧齒，但上網睇過好多間都好貴，都要 2500 蚊起跳！我又驚牙醫手勢差，所以都無去搞。最近朋友剝左牙，佢話牙醫手勢好好，收價合理所以介紹左俾我，咁我就去試啦。朋友真係無呃我，牙醫手勢好好而且又好人，知我好驚會係咁安慰我，而且價錢都唔洗 2000 蚊！勁開心！如果大家想知既 PM 我，廢事係到講出黎啦。」

　　從這個例子可以看出我會先說出自己遇上什麼問題，引起大家的興趣，繼而說出自己的目的及如何找到解決辦法，最後說出感想。這樣的順序大大提升文章的真實性，而且大家可以另加上一些真實圖片，表示「親身經歷」，加強效果。

　　真心 Share 文章能夠有說服力，主要是因為有對比性及個人感受，因此更能夠吸引潛在消費者，所以大家不妨一試！

87. 2 個做 IG SEO 的技巧

社交平台的商業化越來越強，除了在 Google 上努力之外，也可以利用 Instagram 藉此提高 SEO 的排名。這篇文章是引用外國一名 YouTuber，Vanessa Lau 的一個關於如何在 Instagram 做 SEO 的影片，技巧有趣，值得大家參考。

Instagram Bio Name

Instagram 的個人版面除了可以寫自己的名字外，有一欄為「Bio」。大家通常會在 Bio 裡輸入什麼呢？個人興趣？自我介紹？Emojis？其實輸入什麼也沒有所謂，但若然是以公司名義開設的帳戶或個人商業帳戶，那麼 Bio 此欄便對你極為有利。例如你是婚禮司儀，輸入「婚禮司儀 Wedding MC」後，能夠讓別人在搜尋欄打上關鍵字時快速顯示帳戶；由此可見，根據自己商業性質去輸入行業名稱或職業，能夠提升自己的曝光率。

Instagram Image ALT

除了在 Bio 上輸入公司性質或職業，在發佈的圖片上也能夠輸入 ALT。這是 Instagram 2019 年 1 月發佈的新功能，在發佈圖片的編輯頁面最底，會看見「進階設定」(Advanced Settings)，點擊進入去會看到「自定義替代文字」(Write ALT Text)，輸入該圖片更精確的描述便能夠讓 Instagram 清楚明白你發佈的內容是關於什麼，且對目標客戶更有連繫性。

88. 原來用這方法能提高影片的排名！

　　為了令網頁上的內容更豐富，影片元素是不能夠缺少的。而嵌入網頁的影片必為 YouTube 來源，那麼除了在 Youtube 的標題、內容、描述上加以修飾，還可以怎樣提高影片排名呢？原來將影片轉為講稿 (Transcript of Yotutube Video) 也是一個好方法！

　　這個方法也是由外國 Youtuber Vanessa Lau 的 SEO 技巧影片提供，而我本人也親自測試過，效果不俗！

　　把影片的聲源轉為文字能夠讓 Youtube 了解你影片的內容，而且亦可以從中選取關鍵字幫助你提升排名。但把影片所有話句轉為文字一點也不容易，除了自身本來有打字幕的習慣外，這是一個十分費時的工序。因此我推薦大家使用 Rev.com。

　　Rev.com 能夠輕易將影片內容轉化為文字，而且所需時間不長，能夠準確不誤一字不漏地將所有語音轉為文字；但這個網站並非免費，每一分鐘長度收費 1 美金。

　　當你的影片有了文本後，除了能夠讓 YouTube 更易辨識內容主題性外，亦可以將文本嵌為字幕，讓觀看者方便觀看。

89. 以免費工具做宣傳

接觸 SEO 後,往往需要透過不少免費工具的幫助去為網頁分析、設定甚至監控等等;但除了 SEO 後,你在日常生活上也會使用不同的免費工具幫助自己,例如:地產公司的按揭計算機、樓市走勢圖、銀行的借貸利率計算表等等,這些網上工具能為你帶來重覆的人流。由此可見,一個免費工具能夠為 SEO 帶來極大效益,那你,又有沒有想過為自己的網頁增設呢?

製作網上工具的好處

其實,製作簡單的網上工具費用不太多,但效益很大;不但能夠引起話題,在行業上加強權威性,最重要的是能夠得到不同網頁增設你為 Backlink,大大提升自身的排名。以最簡單的免費工具為例子,bit.ly。Bit.ly 是一個免費縮短網站的工具,基本上無人不知,而當你搜尋「URL shortener」,它也必為第一名,說明著它已經無人能敵。

簡單的工具最受得人心,例如:免費標語工具、免費商標工具、免費對換率等等,這些工具是每日都會有人去搜尋,即使你製作出的工具排名不前,但在用戶不斷搜尋過程中,你的工具會增加曝光率,排名便會有所改變了。

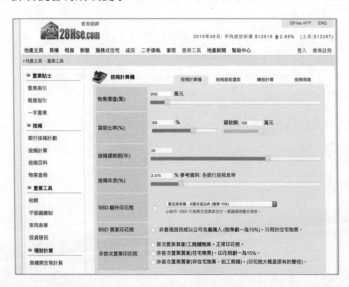

90. 銀杏到會如何做 SEO ？

　　銀杏到會是由《銀杏館》延伸出來的到會和宴會服務，但即使是由主網頁延伸出的分頁，亦可以排名在搜尋結果的第一頁，而且是以競爭性強的關鍵字：「到會」作為搜尋字眼；可以看出它的SEO 做得不錯，以下我會說說他們主要的方法。

　　《銀杏館》原本的網頁關鍵字是「社企」，有社企餐廳、社企到會、社企農場等等，當中的銀杏到會可以在「到會」搜尋結果中的第一頁，主要原因是因為他們把不同的業務分開在不同的網頁上，令 Google 能夠更易識別業務關鍵字，以至當瀏覽者搜尋「到會」時便可以排名在第一頁。

　　很多時候我們的網頁提供的不會只有一個服務或單一產品那麼簡單，例如手機維修也有分成爆 MON、手機入水、換電池等等的服務，大部份人也會針對爆 MON 製作網址；因此我經常建議大家需要做網址分頁，甚至可以為特定的服務或產品另開網站，這樣的做法能夠輕易為自己取得關鍵字 SEO 排名。

91. 為何很多人也做不好 SEO？

　　很多人在做 SEO 過程中一開始以為很簡單，但慢慢會變得毫無頭緒，令網頁無任何上升趨勢，最終不了了之。這些新手所犯的錯，大部份人也是因為零概念，覺得不能影響 Google 排名，認為排列只是隨機而非需要優化。

　　網上營銷 (Online Marketing) 是現今最為普遍的營銷手法之一，除了活躍於社交平台、網上發佈廣告吸引人流外，SEO 同樣也能達到相同效果，而且維持的時間更長。

　　然而很少人真正認識 SEO 的威力，不知道 SEO 的好處，能夠帶來源源不絕的人流及正面影響，因而投放大量資金在賣廣告方面，但付出及收獲卻不成正比，變成「燒錢」。

　　SEO 並不是一個艱難的工作，但極需要時間和耐性，但這兩樣條件正正是現今 Marketing 最抗拒的事情，因為並非迅速得到成效，又或缺乏熟悉 SEO 的專家，所以他們都不會選擇做 SEO。

　　其實做每樣事情也非易事，但我們是必須以長遠目標製定策略，搜尋引擎便是一個長久又持續性的工具，最重要是付出和收獲會成正比的。

92. 我在那裡學會 SEO ?

SEO 的準則其實變幻莫測，而 Google 更不會有任何透露，那麼我們是如何學會呢？主要靠 3 個邏輯性的做法：**先推測，再實驗，後比較**。這 3 大步能夠讓你發掘更多 SEO 的技巧，而我的 100 個網站排名術便是這樣不斷發掘產生出來的。

所謂的**先推測，再實驗，後比較**需要你對於 Google 的搜尋結果有敏銳的觀察力，我以前觀察力也不是特別強，但經過不斷的資料搜集、嘗試、研究等等，直到現在已經有一定的經驗。說個簡單的例子吧：「標題括號」。在眾多搜尋結果中，你若想突圍而出，顯得醒目，可以嘗試為標題加上不同類型的括號 (「」【 】) 強調標題。那我是從何得知這個做法呢？我是從 Google 其他搜尋結果中，所歸納而作出的嘗試，而方法是可行且有效的。

那是不是完全要「靠估」呢？不是的，其實 Google 在每次 Algo update 的時候也會「漏口風」，而這些資訊往往能夠助你一把，讓你明白 Google 的排名準則。我們雖然無法非常具體了解排名的方法，但我們可以慢慢研究，進修自己同時令網頁進步。

93. 積極參與問答網站

　　網絡上的問答網站除了有著名的 Yahoo 知識、知乎 (中國)、批踢踢 PTT(台灣) 等等，論壇亦是屬於問答網站的一種，例如：親子王國 (Babykingdom)、BeautyExchange、She.com、高登討論區等等也有不少人發佈帖子提問各種問題。

　　叫大家積極參與問答網站主要原因，是因為可以為自己有關行業、相同性質的問題回答問題，寫一個完整而且資訊性強的答案，當中盡可能「無意」地提及自己網站名稱或網站連接，這樣不但能增加曝光率，也為網頁增添 Backlink。

　　問答網站是一個相當寶貴的資源，點擊率十分高而且 Google 亦會將他們的排名放在第一頁，方便用戶在第一頁便能獲得資訊，因此大家可以儘管嘗試，但要小心語氣不能夠太過 Hardsell(硬式營銷)，以免令人反感。

94. 製作 Infographic 令讀者更易明白內容

有一些文章內容是帶著很多數據性、地方、人名等等不同的要素，又因為這些內容用文字上描述比較複雜且令讀者混亂，很多時候也會有資訊圖表 (Infographic) 的出現幫助大家理解內容概況。

資訊圖表 (Infographic) 是將訊息轉化為圖像，讓讀者更方便、清晰容易了解內文；同時提供著與文字對等的內容價值，能夠擴大傳遞效果和整理複雜化的訊息。

其實 Infographic 正正是我們俗稱的高階版「懶人包」，但因為懶人包會縮短或修改很多文字，從而配上圖片，方便讀者閱讀；常常在 Google 搜尋關鍵字後，當你點擊圖片搜尋便會看到很多不同性質的 Infographic，而這些都是因為有著關鍵字在內，而令到圖表榜上有名，而當瀏覽者點擊後，又可以增加 CTR 了。

看似利處多多，那麼是否完全沒有弊處呢？正正因為能夠速閱，會令到很多人忽略完整文章，因此這也是最大弊處。

對我來說，Infographic 是一個輔助的工具，製作出來能夠令資訊讓更多人知道，有何不好？如果是一篇好的文章，即使篇幅長，也會吸引到讀者留下，不是嗎？

95. 我需要加入私隱政策嗎？

私隱政策 (Privacy Policy) 乃是每個網頁也需要加入的頁面，特別是政府網站、大公司、機構、網上媒體以及售賣產品的網頁等等。最主要的作用是用來保障自己的網頁及保護雙方的權益，當中亦利於 SEO 排名上升，因為增加了 Google 對網站的信任度。

假使你的網站會收集用戶數據，如地理位置、電子郵件、Facebook 用戶資料、打開和點擊率等等，隱私政策可以幫助網頁保障自己的行為並非侵犯或濫用用戶個人信息，能夠與客戶或瀏覽者建立信任及信譽。

除了保障雙方的權利外，我也說過也是為了 Google 的需求。私隱政策、Cookie 政策、服務條款這三個是 Google 最關注的聲明，能夠證明著網頁在收集資料時是根據所有適用的法律和法規。這樣的措施證明著你網頁的透明度，為客戶甚至 Google 提供信任度；一個網頁都能成功經營，透明度是不容缺乏的。

總言然之，為了告訴訪客及 Google 並非濫用客戶及用戶的信息，制定隱私政策乃是明智之舉；香港越來越中小企業的網站也加入了私隱政策頁面，你也應為自己的公司網站準備吧。

96. 優化用戶瀏覽的體驗

　　一個網站想滿足用戶瀏覽體驗的話，必須清楚自己目標客戶或瀏覽者的意向，一個良好的瀏覽體驗能夠留住客戶、Call To Action、完成交易甚至提升在 Google 上的排名，吸引更多人。

　　進行優化最重要的是設身處地為瀏覽者著想，用客戶的角度思維設計才能夠成功。

　　先說一說設計及排版吧！顏色豐富，圖象多元化固然相當吸引人，但是若然把這個想法全套用在所有網頁上便大錯特錯了。網頁最重要是排版清晰，能夠讓客戶和瀏覽者輕易找到自己想要的資訊；以銀行網頁為例，你可以看見所有銀行的頁面十分簡單清晰，但並不會讓人覺得低俗，不同的銀行會有他們自己的主題色設定文字及連結顏色，所使用的圖片亦是一個服務為一張做背景，不會胡亂混雜；除此之外，服務主題頁面必定會有導航欄，引導客戶點擊，亦能提高網頁轉化率，令用戶有舒適的體驗。最重要的是，他們每一頁也會有用戶資訊在最右上角，方便用戶登入、登記、查看自己的個人資訊，乃是所有服務業務也會加設的細節。

　　想要令用戶得到良好感受，簡化所有複雜程序，以自己為客人作為中心製作頁面，那麼必定可以留下他們。

SEO 秘技 100 招

97. Birthdayking.hk 的 SEO 策略

Birthdayking.hk 是我 SEO 課程的學生，運用我教導的技巧後，做出來的 SEO 相當成功。他所採用的關鍵字競爭性十分大，但亦可以排列在搜尋結果的第一頁，直到現在仍然屹立，生意順利地增長。現在我會講講他的 SEO 策略，讓大家作個參考。

圖片 ALT

Birthdayking 的圖片十分多，圖片固然可以令內容豐富，然而細膩的要點是他把所有的圖片也有加上 ALT，並非只是單純形容圖片，而是用大約20個字描述圖片內容，甚至在內容中插入關鍵字：生日會、表演、小朋友等等，令 Google 可以為所有圖片識別，提升排名。

在不同的頻道發佈

除了有自家的網頁外，他在一些討論區、Blog 也會發佈文章，為自己的網頁增加 Backlink 同時也可以有別的頻道支持；當然不會缺乏影片頻道：YouTube。我在之前的「活用 YouTube 影片提升網站排名」文章中提及把影片放在 YouTube 後再嵌入網站，這不但能夠解決容量問題，同時優化 SEO。

關鍵字分佈

關鍵字分佈均衡得宜。即使網頁內十分多字，但不空泛不重覆，巧妙地將關鍵字「生日會」融合內容，令內容變得有價值，不是氾濫使用。除了在內容有關鍵字外，影片的關鍵字也用得十分妙。影片的標題要有關鍵字放在標題的前半部；上傳影片的標題有「生日會」這三字，令到關鍵字變多同時提升 SEO 效果。

98. 客戶對你的評論 如何提升 SEO ？

我一直對學生說要不斷收集客戶評論及評分，因為他們很大程度能夠幫助提高 SEO 排名，接下來我會說說什麼樣的內容幫助同時比我們的描述更為吸引呢？

首先，客戶的評論代表著真實性。消費者很喜歡看看其他人對你的評論，這些內容同樣會引起消費者和搜尋引擎的共鳴，以獨特和真實的內容來滿足需求，甚至成為信任的關鍵。用戶對於真實評論有好感，Google 皆是；新和相關性強的內容總能吸引 Google 為品牌、網址、產品排名上升，表示信任度。

第二，網頁通過關鍵字、標題、Backlinks、內部連結 (Internal links) 等等基本屬性增強 SEO，因此當客戶的評論是以服務或產品為中心，寫的內容會包括相關的關鍵字及連結，因此內容塑造有助於增長排名。

第三，客戶評價能夠幫助你的網站排名長尾關鍵字，減少與競爭性強的對手競爭。例如：「清黑頭」這個字眼在美容服務上競爭十分激烈，但用「清鼻子黑頭粉刺」的字眼便較少對手。

由此可見，客戶評論是 SEO 的有效工具，它可以提升消費者對你的信任，同時可以用來放置長尾關鍵字，增加不少自然的人流。

SEO 秘技 100 招

99. 幾種不受歡迎的文章類型

在我這段 SEO 生涯中，最初發佈的文章只有很少點擊率，對我來說打擊性相當大。我不斷反思問題錯在那？是否欠缺資訊性？明明我的文章都費盡心思撰寫，卻吸引不了讀者。後來我終於發現問題所在，在此我會分享幾種不受歡迎的文章類型讓大家引以為鑑，避免重蹈覆徹。

第一種：內容沉悶

儘管你的內容洋洋千字，但是文章吸引不了讀者也沒有用。內容必須一針見血，能夠令他們感興趣而且可以引導他們思考，才可以使他們真的完整閱讀全文；最常使用的方法是講故事、自身經驗、日常相關的話題等等作開端，這樣更易引起共鳴。

第二種：內容過於複雜化

請不要讓讀者為信息「工作」。文章的用字儘量簡單易明，即使是術語也可以加上小解釋，讓讀者能夠更容易閱讀；我閱讀文章時也希望從文中吸收信息，畢竟太難的文章受眾性也不大，那把內容變得易懂不是更好嗎？

第三種：不要過量比較

為什麼會這樣說呢？不知道大家有沒有發現，有不少文章雖然是比較類型，但是可以看出作者是「一踩一捧」，捧自己的產品或服務，踩別家的不好，這樣會令讀者十分反感；不是說不能夠說出弱點，但可以將自己的優勢放大，而非先踩後捧，這樣的手法十分低級。

第四種：內容無價值

「呢個好正！」「好好食！」「好靚呀！」這些字眼相信不陌生吧？是普遍網絡文章經常出現的形容詞，理所當然地會被用戶罵作者寫的東西毫無意義，所以一定要為自己的文章增加不同的形容詞，加上權威人士、可信的資料來源、統計數據和事實闡明觀點，不單說服力強，而且吸引力高。

最後一種：農場文

　　請大家不要去抄寫任何文章。這樣的文章是非常容易被讀者識穿，而且 Google 亦會識別出後扣分，農場文是最低階的內容，有頭沒尾，內容沒有任何意義，只用標題來吸引點擊率，但當讀者看到第一點便很快跳出網頁，所以自己寫永遠是最好的。

100.　SEO 信任 4 大支柱

　　曾經有學生問我，若然 Google 轉了搜尋引擎的演算法，SEO 還會有效嗎？當然有效！事實上 Google 由始至終也不會將搜尋結果隨機排列，必定是以相關性強、高質內容、年齡高的 Domain 等等各因素排列第一頁。來到 100 個排名術的最後一篇，我們來看一看 SEO 從不會改變的事實。這篇也算是 SEO 教學的總結。

SEO 信任 4 大支柱

　　Google 的演算法，來來去去也是圍繞著這 SEO 4 大支柱：網站年齡 (Age)、權威 (Authority)、內容 (Content) 和相關性 (Relevnacy)。它們是非常重要的 SEO 元素，缺一不可。

網站年齡 (Age)

Google 對年紀越耐的網頁越信任，即是說，同一篇文章，假設放在兩個不同的網站上，年紀越耐的網站一定比新網頁排名高。但大家不要灰心，一般新網站在三個月後，便能消除年齡太新的問題。反過來說，一個新網站必須要經過一個等待的階段，在大約三個月內，就算你的內容好好，也不能輕易取得好排名。原因是 Google 對新網站不太信任。

權威 (Authority)

一個網站的權威性來自有多少 Backlinks，基本上是越多越好。Backlink 是指在其他網站上對你網站的超連結。對 Google 來說，這反映了其他人對你的信任度，畢竟大家不會胡亂連結到一些沒有用的網站吧？Hilltop 演算法更著重相關主題的連結，而不是單單計算連結的數量，這點也份外留意啊。如果想知道有那些地方可以讓你放置連結，可以用一些 Backlink Checker。

S E O 秘 技 1 0 0 招

內容 (Content)

內容需和關鍵字保持密切關係！何為密切關係？將關鍵字完美融入內容，不會有格格不入的感覺，關鍵字分佈平均，自然取得 Google 的認受性！內容是你最能夠控制的 SEO 元素，字數要大約 1000 字，要盡量放入多媒體，包括相片及影片。簡單來說，就是「多圖多字多影片」。同時，注意要定期更新，令 Google 覺得你是新鮮有用的網站！

相關性 (Relevnacy)

你要記住，Google 只會推薦跟用戶輸入的關鍵字相關的網站。你要了解或估計用戶輸入關鍵字時的「搜尋意圖」，從而按著用戶的想法，製作出迎合他們的網頁內容。這是一問一答的做法。例如，用戶輸入「網頁設計課程價錢」時，他們想看到「銀碼」，如果你想做這個關鍵字的話，你必須在網頁上寫上價錢。

SEO 的技巧非常多，但說到底，萬變不離其宗，你一定要提供資訊性高的網頁內容，才能長期等排在 Google 的第一位。排名需要花不少精力，但當你取得排名後，我相信一定會讚歎 SEO 的威力，它真的會為你帶來源源不絕的生意！

SEO 秘技 100 招

作　　　　者： Andy 叔
編　　　　輯： 張天美
封 面 設 計： 高山製作
排　　　　版： Leona
出　　　　版： 博學出版社
地　　　　址： 香港香港中環德輔道中 107-111 號
　　　　　　　余崇本行 12 樓 1203 室
出 版 直 線： (852) 8114 3294
電　　　　話： (852) 8114 3292
傳　　　　真： (852) 3012 1586
網　　　　址： www.globalcpc.com
電　　　　郵： info@globalcpc.com
網 上 書 店： http://www.hkonline2000.com
發　　　　行： 聯合書刊物流有限公司
印　　　　刷： 博學國際
國 際 書 號： 978-988-79344-5-5
出 版 日 期： 2019 年 7 月
定　　　　價： 港幣 $128

f facebook.com/globalcpc